ISW 31

Berichte aus dem Institut für Steuerungstechnik
der Werkzeugmaschinen und Fertigungseinrichtungen
der Universität Stuttgart

Herausgegeben von Prof. Dr.-Ing. G. Stute

W. DREHER

NC-gerechte Beschreibung von Werkstücken in fertigungstechnisch orientierten Programmiersystemen

Springer-Verlag
Berlin · Heidelberg · New York 1980

D 93

Mit 50 Abbildungen

ISBN-13: 978-3-540-09872-0   e-ISBN-13: 978-3-642-81427-3
DOI: 10.1007/978-3-642-81427-3

Geleitwort des Herausgebers

Das Institut für Steuerungstechnik der Werkzeugmaschinen und Fertigungseinrichtungen der Universität Stuttgart befaßt sich mit den neuen Entwicklungen der Werkzeugmaschine und anderen Fertigungseinrichtungen, die insbesondere durch den erhöhten Anteil der Steuerungstechnik an den Gesamtanlagen gekennzeichnet sind. Dabei stehen die numerisch gesteuerte Werkzeugmaschine in Programmierung, Steuerung, Konstruktion und Arbeitseinsatz sowie die vermehrte Verwendung des Digitalrechners in Konstruktion und Fertigung im Vordergrund des Interesses.

Im Rahmen dieser Buchreihe sollen in zwangloser Folge drei bis fünf Berichte pro Jahr erscheinen, in welchen über einzelne Forschungsarbeiten berichtet wird. Vorzugsweise kommen hierbei Forschungsergebnisse, Dissertationen, Vorlesungsmanuskripte und Seminarausarbeitungen zur Veröffentlichung.

Diese Berichte sollen dem in der Praxis stehenden Ingenieur zur Weiterbildung dienen und helfen, Aufgaben auf diesem Gebiet der Steuerungstechnik zu lösen. Der Studierende kann mit diesen Berichten sein Wissen vertiefen.

Unter dem Gesichtspunkt einer schnellen und kostengünstigen Drucklegung wird auf besondere Ausstattung verzichtet und die Buchreihe im Fotodruck hergestellt.

Der Herausgeber dankt dem Springer-Verlag für Hinweise zur äußeren Gestaltung und Übernahme des Buchvertriebs.

Gottfried Stute

Inhaltsverzeichnis

Seite

Schrifttum

/ 1 /   Eversheim, W.,   Stand und Entwicklungstendenzen
        Stute, G.,   der NC-Technik.
        Klug, H. G.,   wt-Z. ind. Fertig. 65 (1975)
        Pfau, D.   Nr. 5, S. 281...287.

/ 2 /   Klug, H. G.   Ein Beitrag zur Integration auto-
                               matisierter technischer Betriebs-
                               bereiche.
                               Berlin, Heidelberg, New York:
                               Springer Verlag, 1978.

/ 3 /   Eversheim, W.,   Stand und Entwicklungstendenzen
        Westkämper, E.   des Computer-Aided-Manufacturing
                               (CAM).
                               wt-Z. ind. Fertig. 67 (1977)
                               Nr. 3, S. 171...178.

/ 4 /   Spur, G.,   Erläuterungen zum Begriff "Com-
        Krause, F. L.   puter-Aided-Design".
                               ZwF 71 (1976) H. 5, S. 190...192.

/ 5 /   Koerth, D.   Rationalisierung der Qualitätsprü-
                               fung durch Automatisierung von
                               Planungs- und Auswertetätigkeiten
                               beim Einsatz von Universalmeß-
                               maschinen.
                               Aachen: Dr.-Ing.-Diss., 1977.

/ 6 / Hesper, H.-J.   Messen von Werkstücken in der
Einzel- und Kleinserienfertigung.
wt-Z. ind. Fertig. 68 (1978)
Nr. 7, S. 399...402.

/ 7 / Pfeifer, T.,   Maschinelle Programmierung von
Golücke, H.   Mehrkoordinaten-Meßgeräten.
Fachtagung "Erfahrungsaustausch
Drei-Koordinaten-Meßgeräte '77",
8. Arbeitstagung des Instituts für
Produktionstechnik und Automati-
sierung, Stuttgart, der Fraunhofer-
Gesellschaft, München. Stuttgart,
1977.

/ 8 /   APT IV Reference Manual, Version
1, Publication No. 1731600, Control
Data Corporation, USA, 1973.

/ 9 /   EXAPT 2 Sprachbeschreibung.
Verein zur Förderung des EXAPT-
Programmiersystems e. V.,
Aachen, 1973.

/ 10 /   EXAPT 3 Sprachbeschreibung.
Verein zur Förderung des EXAPT-
Programmiersystems e. V.,
Aachen, 1971.

/ 11 / · NEL Part Programming Reference Manual.
National Engineering Laboratory, East Kilbride, Glasgow, 1976.

/ 12 / · IFAPT Reference Manual.
ADEPA, Paris, 1971.

/ 13 / Karl, B. · Die Automatisierung der Fertigungsvorbereitung am Beispiel der NC-Programmierung für 2 1/2-dimensionales Fräsen.
Berlin, Heidelberg, New York: Springer Verlag, 1972.

/ 14 / Eitel, H. · Beitrag zur numerischen Verarbeitung eines geometrischen Werkstückbeschreibungssystems.
Berlin, Heidelberg, New York: Springer Verlag, 1973.

/ 15 / Waelkens, J. · Beitrag zur rechnerunterstützten Auswahl von Fräswerkzeugen.
Berlin, Heidelberg, New York: Springer Verlag, 1974.

/ 16 / Debler, H. · Beitrag zur rechnerunterstützten Verarbeitung von Werkstückinformationen in produktionsbezogenen Planungsprozessen.
Berlin: Dr.-Ing.-Diss., 1973.

/ 17 /   Herold, W. -D.   PROREN 1, ein Programmsystem
                                 für den Einsatz der EDV im Bereich
                                 der Variantenkonstruktion.
                                 Konstruktion 26 (1974) H. 12,
                                 S. 468...476.

/ 18 /   Debler, H.   COMVAR - Ein Programmsystem
                                 zur komplexteilgebundenen Zeich-
                                 nungserstellung.
                                 ZwF 70 (1975) H. 4, S. 171...173.

/ 19 /   Vogel, F. O.,   Automatisches Erstellen von Detail-
         Wessel, H. J.   zeichnungen mit Kleinrechnern.
                                 Ind.-Anz. 97 (1975) Nr. 98,
                                 S. 2069...2073.

/ 20 /   Kurth, J.   COMPAC - Ein System zur rechner-
                                 orientierten Werkstückbeschreibung.
                                 ZwF 68 (1973)
                                 Teil 1: H. 2, S. 61...67
                                 Teil 2: H. 3, S. 127...132.

/ 21 /   Braid, I. C.   Designing with Volumes.
                                 Cambridge: Cantab Press, 1974.

/ 22 /   Voelcker, H. B.,   Geometric Modeling of Mechanical
         Requicha, A. A. G.   Parts and Processes.
                                 Computer magazine, December
                                 1977.

/ 23 / Okino, N.,
       Kubo, H.,
       Kakazu, J.

TIPS-2: An Integrated CAD/CAM System.
Advances in Computer-Aided Manufacture, S. 385...396,
Amsterdam: North-Holland, 1977.

/ 24 / Herold, W.-D.

Die dreidimensionale Erfassung und Weiterverarbeitung von technischen Gebilden mit dem Rechner.
Konstruktion 27 (1975) Nr. 2, S. 55...59.

/ 25 / Mangold, W. E.

Status of NC Language Standardization in I.S.O.
Numerical Control Programming Languages, S. 101...109,
Amsterdam: North-Holland, 1970.

/ 26 / Baule, R.,
       Ertl, F.

WB-Lagebericht: Drei-Koordinaten-Meßmaschinen - Entwicklungsstand und Einsatz.
Werkstatt und Betrieb 108 (1975) H. 11, S. 713...772.

/ 27 / Berner, A.

Geometrieverarbeitung und Beschreibung geometrischer Elemente in NCMES.
Essen: Girardet-Verlag: HGF-Kurzberichte (Lose-Blatt-Sammlung) Blatt 77/23, 1977.

/ 28 / Brechtel, H.-H. Konzeption und Aufbau eines modularen Programmsystems dargestellt am Beispiel eines Programmiersystems für numerisch gesteuerte Werkzeugmaschinen.
Aachen: Dr.-Ing.-Diss., 1975.

/ 29 / Berner, A. Integrierte Informationsverarbeitung am Beispiel der Verknüpfung fertigungstechnisch orientierter NC-Programmiersysteme.
Berlin, Heidelberg, New York: Springer Verlag 1979.

/ 30 / ISO/TC 97/SC 9 Numerical Control Processor Input - Basic Part Program Reference Language.
Teile 1 u. 2: Document 97/9 N 51, July 1975.
Teil 3: Document 97/9 N 88, Sept. 1977.

/ 31 / EXAPT-Arbeitskreis 6 Protokoll der Sitzung v. 2.-3. Okt. 1975. Dokument EA 6-75-2, Aachen: EXAPT-Verein, 1975.

/ 32 / Berner, A. Räumliche Transformation geometrischer Elemente in NCMES.
Essen: Girardet-Verlag: HGF-Kurzberichte (Lose-Blatt-Sammlung) Blatt 78/75, 1978.

/ 33 /　Gausemeier, B.-J.　　Eine Methode zur rechnerorientier-
ten Darstellung technischer Objekte
im Maschinenbau.
Berlin: Dr.-Ing.-Diss., 1977.

/ 34 /　Greindl, A.　　Datenhandhabung in CAD/CAM-
Prozessen.
Berlin: Dr.-Ing.-Diss., 1977.

/ 35 /　DIN 199　　Technische Zeichnungen - Benen-
nungen. Ausgabe September 1962.

/ 36 /　Eitel, H.　　Die räumliche Darstellung von
Werkstücken mit EXAPT 3.
Essen: Girardet-Verlag: HGF-
Kurzberichte (Lose-Blatt-Samm-
lung) Blatt 71/71, 1971.

/ 37 /　Schuster, R.　　System und Sprache zur Behandlung graphischer Information im
rechnergestützten Entwurf.
Karlsruhe: KFK 2305, 1976.

/ 38 /　Lacoste, J.-P.　　Rechnerangepaßte Werkstückdar-
stellung für den automatisierten
Produktionsprozeß.
Aachen: Dr.-Ing.-Diss., 1972.

/ 39 /　Dreher, W.　　Einführung höherer geometrischer
Elemente in EXAPT 3.
Essen: Girardet-Verlag: HGF-Kurz-
berichte (Lose-Blatt-Sammlung)
Blatt 74/58, 1974.

/ 40 /   EASYPROG-System Sprachbeschreibung. Firmenschrift der Max Müller-Brinker Maschinenfabrik, Hannover.

/ 41 /   Grupe, U. Programmiersprachen für die numerische Werkzeugmaschinensteuerung. Berlin, New York: de Gruyter, 1974.

/ 42 /   Debus, A., Storr, A. Struktur und Aufbau fertigungstechnischer Programmiersysteme bei integrierter Datenverarbeitung. wt-Z. ind. Fertig. 66 (1976) Nr. 3, S. 143...148.

/ 43 /   Opitz, H., Wessel, H.-J. Rechnereinsatz in der Konstruktion. wt-Z. ind. Fertig. 67 (1977) Nr. 3, S. 133...138.

/ 44 /   DIN 19233 Automat, Automatisierung - Begriffe. Ausgabe Juli 1972.

/ 45 /   VDI 2222 Konstruktionsmethodik - Konzipieren technischer Produkte. Entwurf Oktober 1973.

/ 46 / VDI 2211

Datenverarbeitung in der Konstruktion - Maschinelle Herstellung von Zeichnungen.
Blatt 3, Entwurf März 1973.

/ 47 /

CAM-I-Special Projects 1979.
Document PR-78-ASPP-02, Arlington, Computer Aided Manufacturing - International Inc., 1978.

/ 48 / Kurth, J.

Rechnerorientierte Werkstückbeschreibung - Ein Beitrag zur Rationalisierung produktionsbezogener Planungsprozesse.
Berlin: Dr.-Ing.-Diss., 1971.

/ 49 / Warnecke, H.J.

Übersicht über den Entwicklungsstand bei Mehrkoordinaten-Meßgeräten.
Fachtagung "Erfahrungsaustausch Drei-Koordinaten-Meßgeräte '77", 8. Arbeitstagung des Instituts für Produktionstechnik und Automatisierung, Stuttgart, der Fraunhofer-Gesellschaft, München. Stuttgart, 1977.

/ 50 / Henning, H.

Fünfachsiges NC-Fräsen gekrümmter Flächen, ein Beitrag zur numerischen Flächendarstellung, Programmierung und Fertigung.
Berlin, Heidelberg, New York: Springer Verlag, 1976.

/ 51 / Eisinger, J.

Die NC-Fertigung und ihre Auswirkungen auf die Konstruktion.
wt-Z. ind. Fertig. 63 (1973)
Nr. 3, S. 137...142.

Abkürzungen und Begriffe

AFNOR	Association Française de Normalisation
ANSI	American National Standards Institution
APT	Automatically Programmed Tools, fertigungs-technisch orientierte Programmiersprache
BSI	British Standards Institution
CAD	Computer Aided Design
CAM	Computer Aided Manufacturing
CAP	Computer Aided Planning
CONTUR	Modul zur Verarbeitung von Konturdefinitionen
DIN	Deutsches Institut für Normung
EASYPROG	fertigungstechnisch orientiertes Programmiersystem zur Implementierung auf Kleinrechnern
EINGAB	Modul zur Kontrolle der Eingabe von Teileprogrammen
EXAPT	Extended Subset of APT, fertigungstechnisch orientiertes Programmiersystem mit den Sprachteilen 1, 2 und 3 sowie der Grundausbaustufe BASIC-EXAPT
IFAPT	fertigungstechnisch orientiertes Programmiersystem der APT-Familie
ISO	International Organization for Standardization
NC	Numerical Control
NCMES	Numerical Control Measuring and Evaluation System, meßtechnisch orientiertes Programmiersystem
NELAPT	fertigungstechnisch orientiertes Programmiersystem der APT-Familie

THREED	Modul zur Verarbeitung der Definition drei-dimensionaler Geometrieelemente
PLCDEF	Modul zur Verarbeitung der Definition ebener Geometrieelemente
VOLDEF	Modul zur Verarbeitung der Definition von Volumenelementen

Sprachworte aus Programmiersprachen der Fertigungstechnik

Programmiersprache EASYPROG

LINE	Linearbewegung
PAST	Modifikator zur Bewegungsbegrenzung
PT	Zielpunktangabe
RAP	Modifikator zur Geschwindigkeitskontrolle

Programmiersprachen der APT-Familie (APT, EXAPT, NCMES)

Geometrische Definitionen

BASE	Kennzeichnung einer Grundfläche
BODY	Definition eines Volumenelements
CIR	Kennzeichnung einer senkrechten Kreis-zylinderfläche
CIRCLE	Definition eines Kreises
CON	Kennzeichnung einer Kegelfläche
CONE	Definition einer Kegelfläche
CONNEC	Kennzeichnung einer Konturverknüpfung
CONTUR	Definition einer Kontur
CUR	Kennzeichnung einer Konturzylinderfläche
CYL	Kennzeichnung einer Kreiszylinderfläche
CYLNDR	Definition einer Kreiszylinderfläche
ELMENT	Kennzeichnung einer unverknüpften Kontur

IN	Kennzeichnung eines Vollkörpers
LENGTH	Kennzeichnung einer Längenangabe
LINE	Definition einer Geraden
MATRIX	Definition einer Transformationsmatrix
OPEN	Kennzeichnung einer offenen Kontur
OUT	Kennzeichnung eines Hohlkörpers
PLA	Kennzeichnung einer ebenen Fläche
PLANE	Definition einer Ebene
POINT	Definition eines Punktes
POLGON	Definition eines Polygonzuges
ROT	Kennzeichnung einer Rotationsfläche
SPH	Kennzeichnung einer Kugelfläche
SPHERE	Definition einer Kugelfläche
TABCYL	Definition einer tabellierten Funktion
TOP	Kennzeichnung einer Deckfläche
XYZ	Kennzeichnung einer Raumlage

Technologische Definitionen und Exekutivanweisungen

CONMIL	Bearbeitungsdefinition Konturfräsen
CUT	Aufruf einer Bearbeitungsstelle
GOTO	Bewegungsanweisung mit Zielpunktangabe
GOLFT	Bewegungsänderung nach links
GORGT	Bewegungsänderung nach rechts
ON	Bewegungsbegrenzung auf einem Element
PAST	Bewegungsbegrenzung hinter einem Element
WORK	Aufruf einer Bearbeitungsdefinition

Anweisungen zur Bildausgabe

ALL	Darstellung aller Elemente
AXVIEW	Axonometrische Darstellung
AUTO	Automatische Skalierung
COLIST	Liste abzubildender Konturen

CTRLIN	Ausgabe von Achslinien
DASH	Ausgabe gestrichelter Linien
ENCUB	Darstellung von Hüllquadern
MODNO	Kennzeichnung der Modulaktivierung
MUVIEW	Mehrfachdarstellung (Grund-, Auf-, Seitenriß, axonometrische Darstellung)
OVPLOT	Ausgabe eines Sekundärbildes
PEN	Kennzeichnung eines Zeichenstiftes
PROVEC	Projektionsvektor
SCALE	Skalierung
SOLID	Ausgabe von Vollinien
STDPIC	Standardbildausgabe
TLPATH	Liste abzubildender Bewegungsabschnitte
VOLIST	Liste abzubildender Volumenelemente
VOPLOT	Ausgabe eines Primärbildes
XYVIEW	Grundrißdarstellung
YZVIEW	Aufrißdarstellung
ZERPOS	Neue Position des Zeichnungsbezugspunktes
ZXVIEW	Seitenrißdarstellung

Symbole und Bezeichnungen

A	Achsvektor
a	Modulnummer
b	Maßstabsfaktor
c	Nummer eines Zeichenstiftes
D	Deckfläche
$dx,\ dy,\ dz$	Verschiebekomponenten im Werkstückkoordinatensystem
E	Erzeugende allgemein
E_K	Kontur als Erzeugende

ex, ey, ez	Komponenten eines Projektionsvektors
G	Grundfläche
H	Hüllquader
I	Index zur internen Symbolverschlüsselung
K_j $(j = 1, \ldots, m)$	Kontursymbol
KL_j $(j = 1, \ldots, n)$	Konturelement (Leitkurve)
KE_j $(j = 1, \ldots, m)$	Konturelement (Erzeugende)
K_{Ri} $(i = 1, \ldots, k)$	Kontur im Referenzkoordinatensystem
K_{Wi} $(i = 1, \ldots, k)$	Kontur im Werkstückkoordinatensystem
L	Leitkurve
L_K	Kontur als Leitkurve
M	Mantelfläche
T_{RW}	Transformationsmatrix
V	Volumenelement
V_i $(i = 1, \ldots, l)$	Volumenelement (Symbol)
V_p	Projektionsvektor (Symbol)
W_k $(k = 1, \ldots, n)$	Werkzeugwegbereich (Index)
$X, X_W, (X_R)$ $Y, Y_W, (Y_R)$ $Z, Z_W, (Z_R)$	Koordinaten im Werkstückkoordinaten- system (Referenzkoordinatensystem)
○	ebenes geometrisches Einzelelement
	Kontur
▽	räumliches geometrisches Einzelelement
△	Volumenelement
□	Hüllquader
	Bearbeitungsfunktion
	Relationsmodell

1 Einleitung

Seit der ersten Entwicklung einer numerisch gesteuerten Maschine am Massachusetts Institute of Technology zu Beginn der fünfziger Jahre hat die NC-Technik einen enormen Aufschwung genommen / 1 /. Mit ihr wurde die Grundlage für eine Einführung von Datenverarbeitungsanlagen in die Fertigungstechnik geschaffen, die heute durch eine große Anzahl rechnerunterstützter Lösungen für die Automatisierung einzelner Betriebsbereiche gekennzeichnet ist / 2 /.

Die Schwerpunkte des Rechnereinsatzes werden dabei häufig unter den Bezeichnungen CAD (Computer Aided Design) und CAM (Computer Aided Manufacturing) zusammengefaßt / 4 /, teilweise wird zusätzlich der Begriff CAP (Computer Aided Planning) verwendet / 3 /.

Diese Begriffe kennzeichnen neben dem Einsatz von Hardware (Maschinen, Rechner und Peripheriegeräte) hauptsächlich Softwareprodukte, die Algorithmen zur Lösung fertigungstechnischer Probleme bereitstellen. Eine besonders hohe Rechnerunterstützung bieten problemorientierte Programmiersysteme (PPS), die nach / 42 / als ein Tripel

$$PPS = (LS, DS, PS)$$

definiert sind und mit systemspezifischen Eigenschaften eine Eingabesprache LS, eine Datenmenge, bzw. Datei DS und ein Programmsystem PS umfassen. Eine in der Eingabesprache LS formulierte Aufgabe wird dabei durch das auch Verarbeitungsprogramm genannte System PS unter Erstellung von Datenmengen und gegebenenfalls unter Bezugnahme auf Dateien DS zu einem Ergebnis (z. B. Steuerdaten für NC-Fertigungseinrichtungen) verarbeitet.

Verbunden mit dem zunehmenden Einsatz numerisch gesteuerter Bearbeitungsmaschinen und den hiervon ausgehenden Impulsen zur Automatisierung der Fertigungsvorbereitung einerseits und der Konstruktion andererseits, standen bisher gerade diese Produktionsbereiche im Mittelpunkt der Entwicklung fertigungstechnisch orientierter Programmiersysteme.

Demgegenüber erfolgt die der Bearbeitung nachgeschaltete Qualitätsprüfung noch mehr oder minder konventionell, wobei nur in Einzelfällen, wie z. B. bei vollautomatischen Prüfstationen in der Massenfertigung, mit automatisierten Prüfgeräten gearbeitet wird / 5 /.

Die Entwicklung numerisch gesteuerter Mehrkoordinaten-Meßmaschinen stellt diesem Gebiet in neuester Zeit jedoch ein Hilfsmittel zur Verfügung, das die Qualitätskontrolle zum Teil erst jetzt in die Lage versetzt, die an sie gestellten technischen Forderungen voll zu erfüllen / 6 /.

Die rationelle Eingliederung dieser Geräte in den Produktionsprozess fordert dabei, in Analogie zu der Entwicklung bei NC-Bearbeitungsmaschinen, besonders die Bereitstellung meßtechnisch orientierter Programmiersysteme / 7 /.

Aufgrund des engen Zusammenhanges zwischen dem Einsatz von NC-Bearbeitungs- und NC-Meßmaschinen wird im Rahmen dieser Arbeit auch kurz von NC-orientierten Programmiersystemen gesprochen. Diese sind den darstellungsorientierten Systemen des CAD-Bereiches gegenüberzustellen, wobei die besonders eng verknüpften Schwerpunkte Entwurf und Berechnung gemeinsam zu nennen sind, während die Zeichnungserstellung einen eigenen Problembereich darstellt / 43 /. Zur Kennzeichnung, daß die technischen Objekte selbst und nicht die Organisation ihres Produktionsprozesses im Mittelpunkt dieser Systeme steht, sollen sie unter dem Überbegriff werkstückorientierter Programmiersysteme zusammengefaßt werden (Bild 1-1).

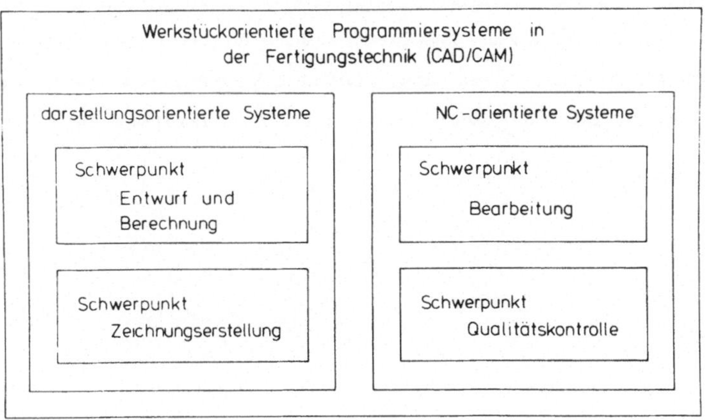

<u>Bild 1-1</u>: Werkstückorientierte Programmiersysteme in der Fertigungstechnik und Schwerpunkte ihrer Anwendung

Da in der Konstruktion neben technologischen Größen die Gestalt eines Werkstückes bestimmt wird und diese in der Fertigung herzustellen und in der Qualitätskontrolle zu prüfen ist, bildet die jeweilige Möglichkeit zur Beschreibung und Verarbeitung der Werkstückgeometrie die Grundlage für eine Anwendung von Programmiersystemen in diesen Bereichen. Die geometrischen Bestimmungsgrößen sind dabei zu kombinieren mit aufgabenspezifischen Angaben, wie zeichnungs-, bearbeitungs- oder meßspezifischen Festlegungen.

Aus der Bereitstellung geometrischer Daten für die maschinelle Steuerdatengenerierung von NC-Maschinen ergibt sich das Thema dieser Arbeit. Auf der Grundlage bisheriger, an der jeweiligen Aufgabenstellung orientierter, mit systemspezifischen Eigenschaften belegten Methoden zur rechnergerechten Darstellung technischer Objekte in der Fertigungstechnik gilt es, ein umfassendes NC-gerechtes Werkstückbeschreibungssystem zu entwickeln, das gleichermaßen sowohl bearbeitungstechnischen als auch meßtechnischen Anforderungen entspricht.

Bereits geleistete Entwicklungen und Standards, die sich in der seitherigen industriellen Nutzung bewährt haben, sind dabei ebenso zu berücksichtigen wie Anforderungen einer künftigen Verknüpfung unterschiedlicher Systeme im Sinne einer integrierten Datenverarbeitung / 1 /.

2 Werkstückbeschreibungssysteme in der Fertigungstechnik

Bei allen werkstückorientierten Programmiersystemen der Fertigungstechnik kommt der Eingabe und Verarbeitung geometrischer Daten eine
zentrale Bedeutung zu. Dies gilt für die Konstruktion ebenso wie für
die NC-Datengenerierung im Rahmen bekannter bearbeitungsorientierter oder künftiger meßtechnisch orientierter Programmentwicklungen
(Bild 2-1).

Aufgrund der unterschiedlichen Aufgabenstellung bei darstellungs- und
bearbeitungsorientierten Systemen, führten bisherige aufgabenspezi-
fische Lösungen folgerichtig auch zu unterschiedlichen Prinzipien bei
dem Aufbau von Algorithmen zur Geometrieverarbeitung. Die folgende
Analyse der grundlegenden Methoden bildet den Ausgangspunkt für die
Entwicklung eines allgemeinen NC-gerechten Werkstückbeschreibungssystems.

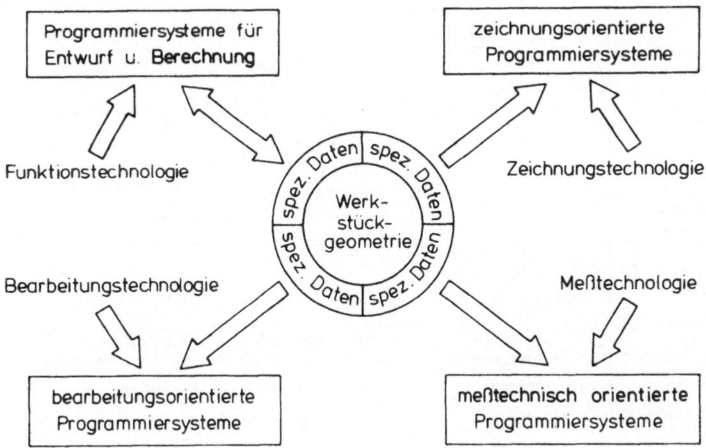

Bild 2-1: Bedeutung geometrischer Daten in werkstückorientierten
Programmiersystemen

2.1 Systeme zur Programmierung von NC-Bearbeitungsmaschinen

Programmiersysteme zur NC-Bearbeitung benötigen geometrische Definitionen primär als Hilfsgrößen für technologische Berechnungen, besonders für die Bestimmung von Werkzeugwegen. Die dabei bisher entwickelten Algorithmen stützen sich grundsätzlich auf eine direkte Beschreibung der für die jeweiligen Bearbeitungsoperationen relevanten Werkstückgeometrie. Dies ist verbunden mit einer Zuordnung geometrischer Größen zu Angaben, die den Arbeitsablauf steuern. Dazu gehört neben dem Schalten von Hilfsfunktionen beispielsweise die Werkzeugauswahl und die Vorgabe von Drehzahlen und Vorschüben.

Die Bedeutung der Werkstückbeschreibung als Grundlage einer rechnerunterstützten Erstellung von Steuerdaten für NC-Fertigungseinrichtungen mittels NC-Programmiersystemen zeigt beispielhaft Bild 2-2.

NC-Programmsystem		EASYPROG	APT	EXAPT 3
	Fertigungsaufgabe: Konturfräsen			
Teileprogramm	Geometrische Definitionen	—	P1 = POINT/15,40 L1 = LINE/15,40,15,15	P1 = POINT/... L1 = LINE/... K1 = CONTUR/CONNEC,OPEN,...
	Bearbeitungsdefinitionen	—	—	C1 = CONMIL/...
	Exekutiv-Anweisungen	PT/(15-5),(15+25),RAP LINE/PAST,15,15 LINE/PAST,(15+60),15	GOTO/L1 GORGT/L1,PAST,L2 GOLFT/L2,ON,L3	WORK/C1 CUT/K1,10
Interne Werkstückdarstellung		temporäre 2D-Geometrieelemente	Datei, unverknüpfte 3D-Geometrieelemente	Datei, bereichsweise verknüpfte 2D-Geometrieelemente
Berechnungsalgorithmen		Hilfsberechnungen	Bearbeitungsschritte	Bearbeitungsbereiche
Automatisierungsgrad		sehr niedrig	niedrig	hoch

Bild 2-2: Werkstückbeschreibung als Grundlage automatisierter Berechnungen in NC-Programmiersystemen

Daraus geht hervor, wie bei einer in der Eingabesprache formulierten Beschreibung von Fertigungsaufgaben in geometrischen, technologischen sowie den Arbeitsablauf steuernden Teileprogrammanweisungen der unterschiedliche Automatisierungsgrad verschiedener Systeme von einer Verlagerung geometrischer Angaben in eine Gruppe selbständiger geometrischer Anweisungen abhängig ist.

Der Begriff Automatisierungsgrad ist dabei, in Anlehnung an die mit der Norm / 44 / übereinstimmenden Bedeutung, als qualitatives Merkmal zu verstehen, das die mit der Anwendung eines Systems verbundene Rechnerunterstützung kennzeichnet. Diese ist abhängig von den Berechnungsalgorithmen, auf die ein Anwender bei der Programmierung seiner Fertigungsaufgabe direkt oder indirekt zugreifen kann.

Somit haben Programmiersysteme, bei denen nur Hilfsberechnungen algorithmiert sind, einen sehr niederen Automatisierungsgrad (Bild 2-2, System EASYPROG / 40 /). Die Eingabesprache kennt dabei keine Trennung geometrischer, technologischer und ausführender Anweisungen, sondern nur entsprechende Sprachelemente unterschiedlichen Typs, die gemischt zu verwenden sind. Daraus resultiert als wesentlichstes Merkmal, daß die rechnerinterne Werkstückdarstellung nur aus temporären, nicht benannten Geometrieelementen besteht, die nur in einer aktuellen Verarbeitungsphase Bedeutung haben und dazu nicht gespeichert werden müssen.

Programmiersysteme mit einer umfangreicheren Rechnerunterstützung sind dagegen durch besondere geometrische Definitionen gekennzeichnet, auf die in Exekutivanweisungen Bezug genommen werden kann. Dies bedingt die Speicherung geometrischer Größen in Dateien und ist aus programmtechnischen Gründen meist verbunden mit einer stufenweisen Teileprogrammverarbeitung in einer Geometrie- und in einer Technologieverarbeitungsphase.

Enthält die Geometriedatei ausschließlich Einzelelemente (Bild 2-2, System APT / 8 /), so muß der Übergang von einem Element zu dem nächsten stets in Bewegungsanweisungen explizit angegeben werden. Damit sind nur Bearbeitungsschritte algorithmierbar. Der Teileprogrammierer erhält dadurch zwar einen hohen Freiheitsgrad bei der Festlegung des Arbeitsablaufes, ist jedoch gezwungen, jeden Bearbeitungsschritt unter Einbeziehung geometrischer und technologischer Angaben einzeln vorzugeben. Der Automatisierungsgrad wird deshalb als niedrig bezeichnet, auch wenn für geometrische Definitionen und für die Werkzeugwegbestimmung entlang von Einzelelementen eine umfangreiche Rechnerunterstützung geboten wird.

In sogenannten hoch automatisierten Systemen (Bild 2-2, System EXAPT 3 / 10 /) erfolgt dagegen die Verknüpfung der Geometrieelemente durch zusätzliche Definitionen, so daß Exekutivanweisungen auf vollständige Werkstückbereiche zugreifen können. Besondere Anweisungen (Bearbeitungsdefinitionen) legen die Fertigungsbedingungen bereichsweise fest. Der Arbeitsablauf innerhalb der Bereiche wird über Berechnungsverfahren automatisch bestimmt. Grundlage ist die Zuordnung der Bearbeitungsdefinitionen zu den Geometriebereichen. Für die Teileprogrammierung bedeutet dies Einschränkungen bei der gezielten Beeinflussung einzelner Bearbeitungsschritte zugunsten ihrer automatisierten Generierung.

2.1.1 Geometrieverarbeitung in Systemen der APT-Familie

Die genannten Systeme stehen beispielhaft für eine Vielzahl von Entwicklungen mit teilweise sehr speziellen Eigenschaften. Aktuelle Standardisierungsbemühungen auf dem Bereich der NC-Programmierung, die auf internationaler Ebene eine Normung besonders der Ein- und Ausgabeschnittstellen von NC-Prozessoren anstreben / 25 /, stützen sich je-

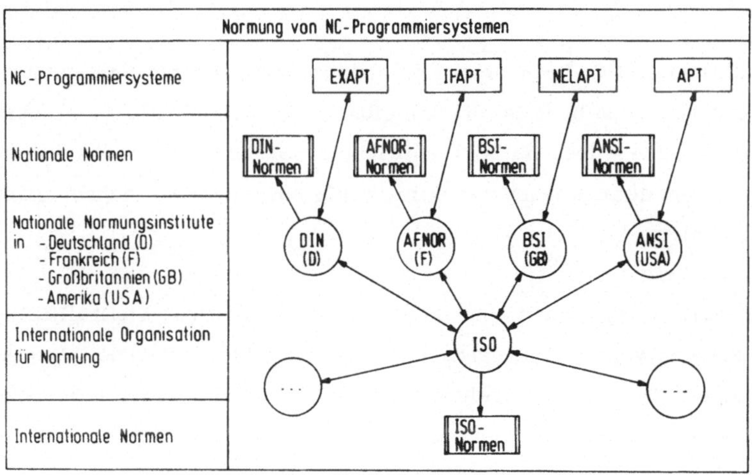

Bild 2-3: Normung von NC-Programmiersystemen (Überblick)

doch ausschließlich auf die weitgehend allgemein einsetzbaren Systeme
(Mehrzwecksysteme nach / 41 /) APT, EXAPT, IFAPT und NELAPT
(Bild 2-3). Diese werden häufig unter dem Begriff "APT-ähnliche
Sprachen" (APT like languages, ALL) zusammengefaßt, um die ein-
heitliche Struktur der Eingabesprachen als ihr wesentlichstes gemein-
sames Merkmal zu kennzeichnen.

Da die Vereinheitlichung der Schnittstellen eine Hauptforderung indu-
strieller Anwender der NC-Technik ist / 1 / und auf internationaler
Ebene APT und auf nationaler Ebene EXAPT dominiert, sind diese beiden Systeme bei der Entwicklung eines allgemeinen NC-gerechten
Werkstückbeschreibungssystems ganz besonders zu berücksichtigen.

2.1.1.1   Mittelbare Werkstückbeschreibung

Die unter allen NC-Programmiersystemen verbreitetste Form der
Werkstückbeschreibung ist die mittelbare, flächenorientierte Beschrei-
bungsform. Sie wurde für APT entwickelt, ist heute jedoch die Basis
der meisten Mehrzwecksysteme mit wenig ausgeprägten technologischen
Möglichkeiten.

Das Beschreibungsprinzip beruht auf der Definition von Kontrollflächen
für Werkzeugwegberechnungen. In APT können hierfür ebene (2D-) und
räumliche (3D-) Geometrieelemente definiert werden, so daß in ebenen
Schnitten der Werkstattzeichnung und direkt im Werkstückkoordinatensystem programmiert werden kann (Bild 2-4).

Da im Rahmen der Geometrieverarbeitung keine Verknüpfung geometrischer Einzelelemente zu Werkstückbereichen möglich ist, ergibt
sich die Gestalt eines Teiles aus der Interpretation der Werkzeugwege.
Sie ist damit das Resultat der in Exekutivanweisungen explizit getrof-
fenen Zuordnung von Bewegungsanweisungen zu geometrischen Elementen.

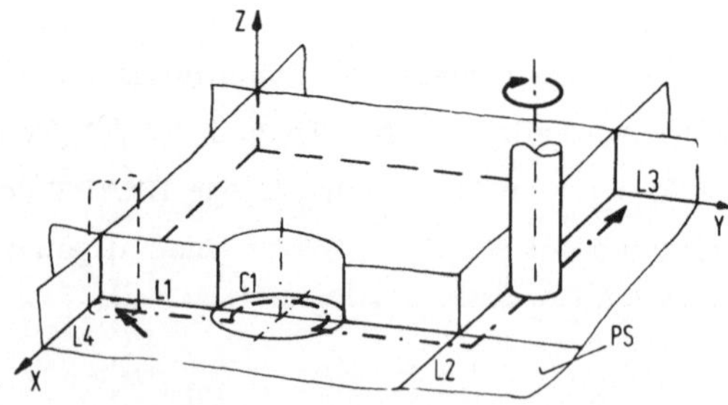

Bild 2-4:   Werkzeugwegbestimmung bei mittelbarer Werkstück-
            beschreibung

Dies bietet den Vorteil, daß durch freie Bezugnahme auf diskrete Geometrieelemente in einem Teileprogramm sehr variable Arbeitsabläufe vorgegeben werden können (Bild 2-5). Nachteilig ist jedoch die Vielzahl einzelner Anweisungen, die notwendig sind, um eine Gesamtbearbeitung festzulegen.

Mittelbare Werkstückbeschreibung		
Teileprogramm	Datenfluß	Kennzeichen
Geom. Anweisungen - Definition geometrischer Einzelelemente		- Bereitstellung ebener und räumlicher Geometrieelemente
Exekutiv-Anweisungen - Definition technologischer Einzelanweisungen - Festlegung des Arbeitsablaufes	Arbeitsablauf	- niedrig automatisierte Werkzeugwegberechnung - hohe Flexibilität

○ 2D-Geometrieelement
▽ 3D-Geometrieelement
Z technologische Einzelanweisung

Bild 2-5: Organisation geometrischer Daten bei mittelbarer Werkstückbeschreibung

2.1.1.2 Konturorientierte Werkstückbeschreibung

Die Entwicklung von Algorithmen zur hoch automatisierten Werkzeugwegbestimmung erfordert, in Erweiterung der vorstehend gezeigten Möglichkeiten, eine mindestens bereichsweise vollständige Beschreibung der Teilegeometrie.

Bezugnehmend auf geometrische Elemente der mittelbaren Werkstückbeschreibung gewährleisten dies Methoden zur Verknüpfung ebener Ele-

mente zu Konturen. Damit kann sowohl der Umriß rotationssymmetrischer Teile als auch der Grundriß kubischer Werkstückkomponenten
beschrieben und als eine geometrische Einheit gekennzeichnet werden
/ 9, 10, 11, 12 /.

Diese Definitionen sind Grundlage verschiedener Verfahren zur automatisierten Werkzeugwegberechnung bei Dreh- und bei Fräsbearbeitungsaufgaben mit zweidimensionaler Werkzeugführung. Der Ausdruck "zweidimensionale Werkzeugführung" kennzeichnet in diesem Zusammenhang
Fräsen mit zwei bahngesteuerten Achsen und einer Zustellachse, wofür
auch der Begriff "2 1/2 dimensionales Fräsen" bekannt ist. Dabei steht
die Konzeption des zu den Sprachen der APT-Familie zählenden Systems
EXAPT 3 beispielhaft für die Programmierung von Fräsbearbeitungsaufgaben mit sehr weitgehender Rechnerunterstützung. Dies gilt besonders für die automatisierte Werkzeugwegbestimmung / 13, 14 /, die
mit weiteren Berechnungsmethoden, z. B. einer verfahrensabhängigen
Werkzeugauswahl und Schnittwertbestimmung / 15 / verbunden sein
kann.

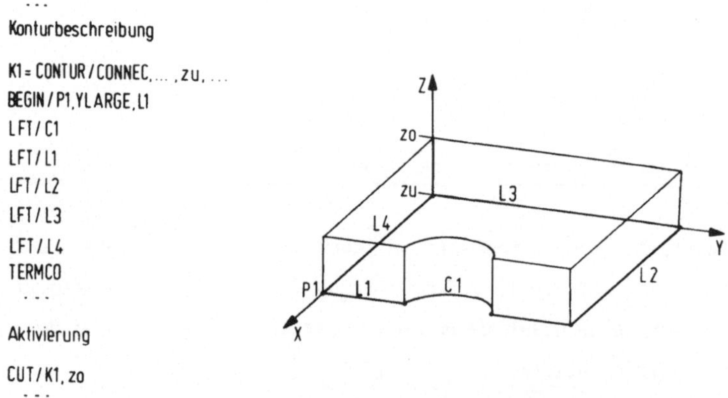

Bild 2-6: Werkzeugwegbestimmung bei konturorientierter Werkstückbeschreibung

Das Prinzip der Fräsbahnenberechnung beruht auf der rechnerinternen
Generierung senkrechter Zylinder, ausgehend von einer an den Rissen
der Werkstattzeichnung orientierten Konturbeschreibung (Bild 2-6).

Die Gesamtverarbeitung erfolgt zweistufig. Der Geometrieteil leistet
die Verknüpfung ebener geometrischer Elemente zu Konturbereichen.
Diese werden im Rahmen der anschließenden Technologieverarbeitungsphase unter Zuordnung von Bearbeitungsfunktionen zu temporären senkrechten Zylindern aufgebaut (Bild 2-7). Sie kennzeichnen das Zerspan-
volumen, das dem Verarbeitungsablauf entsprechend fortwährend aktua-
lisiert wird.

Damit ist das Werkstück im Hinblick auf die Technologieverarbeitung
für spezielle Bereiche zwar vollständig beschrieben, jedoch ohne Aufbau eines eigentlichen Werkstückmodelles im Sinne der Geometrieverarbeitung.

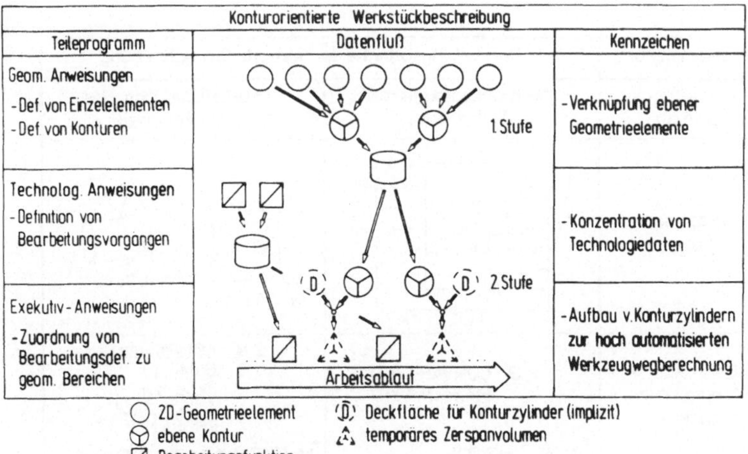

Bild 2-7: Organisation geometrischer Daten bei konturorientierter
Werkstückbeschreibung

2.2 Darstellungsorientierte Programmiersysteme

Im Gegensatz zu den bearbeitungsorientierten Systemen erfolgt der Einsatz von Programmiersystemen in dem Bereich der Konstruktion mit dem Hauptziel der graphischen Darstellung von Werkstücken, als Unterstützung sowohl der Konzeptions-, wie der Entwurfs- und Ausarbeitungsphase einer Produktentwicklung, da jeder dieser nach / 45 / zu unterscheidenden Schwerpunkte einen hohen Anteil zeichnerischer Tätigkeiten beinhaltet / 46 /. Dies kann zum Teil mit verschiedenen Berechnungsprogrammen verbunden sein, z. B. Verfahren zur Bestimmung der Festigkeit von Körpern, ihrem Rauminhalt, der Lage ihres Schwerpunktes oder der aus einer Belastung resultierenden Biegelinie.

Grundlage ist dabei eine darstellungsorientierte Werkstückbeschreibung, wobei eine prinzipielle Unterscheidung zu treffen ist zwischen zeichnungs- und werkstückorientierten Beschreibungsmethoden für den Aufbau eines rechnerinternen Datenmodells / 16 / (Bild 2-8).

Problemstellung	Darstellungsorientierte Werkstückbeschreibung	
Darstellungs- prinzip	Zeichnungsorientiertes Datenmodell	Werkstückorientiertes Datenmodell
graphische Ausgabe	Ø21 Ø27 Ø45 Ø21 14 30 63 88	Z X Y
Beispielhafte Programmier- systeme	z. B. COMVAR [18] PROREN 1 [17] DETAIL * [19] * nur für Rotationsteile	z. B. COMPAC [20] GEM [21] PADL [22] TIPS 1,2 [23] PROREN 2,3 * [24] * für Rotationsteile nur mit Einschränkungen

Bild 2-8: Darstellungsorientierte Werkstückbeschreibung (Übersicht)

Systeme nach dem zeichnungsorientierten Prinzip / 17, 18, 19 / generieren aus geometrischen Definitionen ein zweidimensionales Werkstückabbild, das bereits auf die Zeichnungsebene bezogen und damit ausschließlich mit dem spezifischen Anwendungsfall der graphischen Darstellung verbunden ist. Ein wesentliches Anwendungsgebiet bildet hierbei die Variantenkonstruktion, bei der, z. B. ausgehend von einer Entwurfsskizze, mit einem Programm durch Veränderung von Parametern Teile gleicher oder ähnlicher Gestalt jedoch mit unterschiedlichen Abmessungen dargestellt werden können / 17 /.

Demgegenüber steht bei Systemen nach dem werkstückorientierten Darstellungsprinzip der rechnerinterne Aufbau eines in geometrischem Sinne vollständigen, die wirklichkeitsgetreue dreidimensionale Gestalt eines Teiles repräsentierenden Werkstückmodells im Mittelpunkt der Verarbeitung. In Verbindung mit der Anwendung von Grundlagen der Parallel- oder Zentralprojektion erlaubt dies die Generierung von Ansichten, die von der Werkstückbeschreibung unabhängig sind. Teilweise können sogar Schnittverläufe definiert und dargestellt werden.

Die bekanntesten hierfür entwickelten Systeme / 20, 21, 22, 23, 24 /, die teilweise auch auf internationaler Ebene diskutiert werden / 47 /, sind durch das Prinzip eines mengentheoretischen Gesamtkörperaufbaues gekennzeichnet. Grundlage ist die gedankliche Zerlegung der Werkstücke in einfache Formelemente. Dieser Begriff kennzeichnet nach / 48 / diejenigen Volumenelemente, aus denen die beschreibbaren Werkstücke unter Bezug auf festgelegte Beschreibungsregeln zusammengesetzt werden können. Diese sind als sogenannte Grundkörper (engl. "primitives" / 21, 22 /) zu definieren und über Operatoren additiv oder subtraktiv miteinander zu verknüpfen, so daß sie bausteinartig ein Werkstückmodell aufbauen (Bild 2-9). Für die rechnerinterne Repräsentation geometrischer Größen auf Datenebene wird hierfür im folgenden auch kurz der Begriff rechnerinternes Werkstückmodell verwendet.

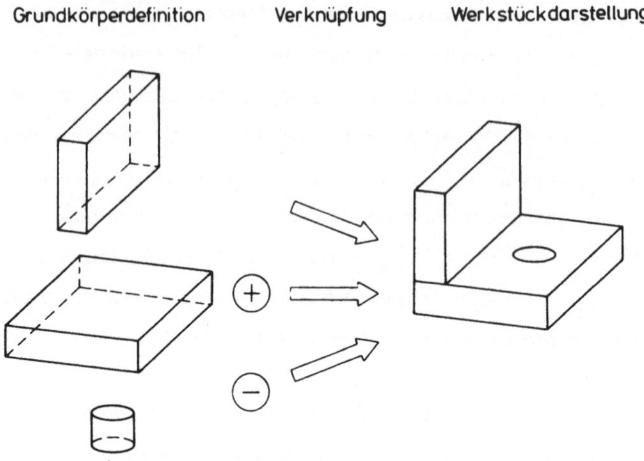

Bild 2-9: Aufbau eines Werkstückmodelles durch Grundkörperver-
knüpfung (Prinzip)

Trotz dieser prinzipiellen Übereinstimmung unterscheiden sich die genannten Systeme in ihrer Anwendung stark voneinander. Eine Analyse
zeigt, daß weder in den Eingabesprachen noch in Generierung und Struktur eines rechnerinternen Werkstückmodelles Einheitlichkeit festge-
stellt werden kann. Dabei weichen die meisten Sprachkonzepte bereits
in ihrem Grundaufbau von denen der bekannten, auf die NC-Programmierung gerichteten Systeme (siehe Kap. 2.1) ab, wobei jedoch als
Ausnahme die Eingabesprache von COMPAC zu nennen ist. Hier wurde
bei der Entwicklung versucht, die Sprachstruktur sowie die Sprachelemente an die APT-ähnlichen Sprachen anzulehnen / 48 /.

Eine genaue Betrachtung der Systembeschreibung / 20 / zeigt hingegen,
daß dies im wesentlichen nur für die Syntaxregeln zum Aufbau von Teileprogrammanweisungen gilt, während der Sprachwortschatz besonders
für die Beschreibung dreidimensionaler Geometrieelemente überwie-
gend neu gefundene Begriffe enthält. Diese ersetzen die flächenorien-

tierten geometrischen Definitionen der NC-Programmiersysteme durch Anweisungen zur direkten Definition von Volumenelementen. Sie sind unterteilt in die Gruppen geometrische Standardformelemente (z. B. Quader und Zylinder), technische Standardformelemente (z. B. Keilwellen) und Profilformelemente (z. B. T-Profile).

Die unterschiedlichen Beschreibungsmethoden spiegeln sich in unterschiedlichen Datenstrukturen wider. Während Geometriedaten bei standardisierten NC-Programmiersystemen elementweise in einheitlichen Grundformen (kanonische Formen / 29 /) tabellenartig abgespeichert und identifizierende Kennungen über eine Symbolverwaltung organisiert werden, stellt dagegen die COMPAC-Datenstruktur ein Netzwerk dar, dessen Datenelemente und Zuordnungsgraphen direkt in der Speicherungsstruktur abgebildet werden / 34 /.

Aufgrund der Unterschiede in den Eingabesprachen und in den Datenstrukturen gilt daher für COMPAC und in noch stärkerem Maße für die anderen darstellungsorientierten Systeme, daß sie nicht, oder nur in Sonderfällen und mit großem Anpassungsaufwand, mit den allgemein eingesetzten NC-Programmiersystemen, besonders der APT-Familie, verknüpft werden können. Daher sollen sie hier auch als Einbereichssysteme bezeichnet werden, deren mögliche Anwendung sich nach dem heutigen Stand der Technik auf den Bereich der Konstruktion konzentriert.

2.3 Maschinelle Programmierung von NC-Meßmaschinen

Nachdem die Entwicklung werkstückorientierter Programmiersysteme bisher schwerpunktmäßig auf die Gebiete NC-Bearbeitung und Konstruktion gerichtet war, bietet der zunehmende Einsatz von NC-Meßmaschinen zur Kontrolle der Fertigungsergebnisse die Möglichkeit, auf dem

Bereich der Qualitätsprüfung durch rechnerunterstützte Vorbereitung und Ausführung des Meßprozesses ähnliche Rationalisierungserfolge zu erzielen wie auf den erst genannten Gebieten. Dies unterstützt die in / 49 / formulierte Zielsetzung der heutigen Qualitätssicherung, das Erfassen objektiver Qualitätsdaten über ein Produkt zeitlich so nahe wie möglich am Bearbeitungsprozess durchzuführen, und diese Qualitätsdaten mittels geeigneter Qualitätsinformationssysteme zu verdichten. Dieser Problemstellung entspricht der Aufbau des Systems NCMES zur maschinellen Programmierung numerisch gesteuerter Meßmaschinen. Das Gesamtkonzept ist in / 5 / beschrieben.

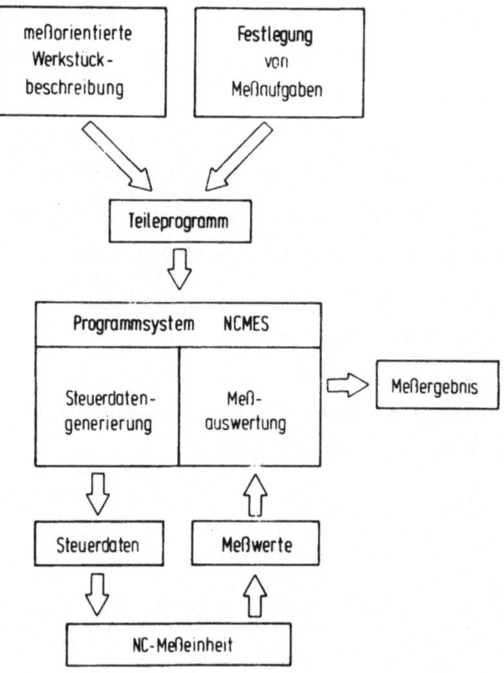

Bild 2-10: Maschinelle Programmierung von NC-Meßmaschinen (Prinzip)

In Analogie zu bearbeitungsorientierten Systemen sind dabei in einem
von der Meßtechnik geprägten Teileprogramm Werkstück und Meßaufgaben zu definieren, die dann die Grundlage der Steuerdatengenerierung
mittels geometrischen und technologischen Verarbeitungsteilen bilden.
Die Rückführung der aus dem Meßprozess abgeleiteten Daten und die
Meßauswertung sind meßspezifische Funktionen, die in das Programmiersystem NCMES integriert sind (Bild 2-10).

2.3.1 Anforderungen an eine meßtechnisch orientierte Werkstück-
beschreibung

Charakteristisch für den Einsatz von Universalmeßmaschinen mit be-
rührender Meßpunktaufnahme ist der überwiegende Einsatz universell
verwendbarer Kugeltaster für die Antastung der Meßobjekte / 26 /.

Dabei entfällt bei einem Meßvorgang die formschlüssige Verbindung
zwischen Meßwerkzeug und Werkstück zur Ableitung des Meßergebnis-
ses und wird ersetzt durch die Aufnahme diskreter Antastpunkte als
Grundlage der Meßauswertung (Bild 2-11).

Für ein Werkstück mit räumlicher Ausdehnung stellen die für die Meßwertaufnahme anzufahrenden Positionen im allgemeinen Fall damit
Raumpunkte dar, die nur in Sonderfällen (alle Punkte in einer Ebene)
auf das Problem einer 2D-Werkstückbeschreibung reduziert werden
können.

Aus diesen Gründen ist für eine rechnerunterstützte Ermittlung kollisionsfreier Tasterwege eine dreidimensionale Beschreibung der Werkstückgeometrie erforderlich. Sie dient sowohl zur Berechnung der einzelnen Meßpunkte als auch zur Bestimmung von zusätzlich anzufahrenden Hilfspositionen.

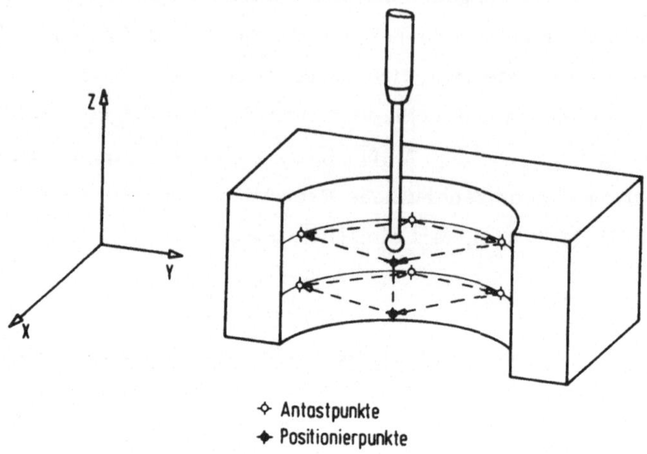

Bild 2-11: Meßwertaufnahme durch Anfahren von Raumpunkten

Das Systemkonzept berücksichtigt dabei unterschiedliche Automatisie-
rungsstufen. Während in der Grundausbaustufe der Meßablauf durch Anweisungen explizit vorgegeben wird, ist das Ziel der höchsten Ausbaustufe die automatisierte Generierung kollisionsfreier Verfahrwege zur
Meßwertaufnahme an unterschiedlichen Werkstückelementen unter zu-
sätzlicher Berücksichtigung von Kriterien zur Meßablaufoptimierung.

Aus diesen Ausbaustufen ergeben sich unterschiedliche Anforderungen
an die Werkstückbeschreibung. Während die Grundausbaustufe flächenorientierte Beschreibungsformen verlangt / 27 /, fordert die höchste
Ausbaustufe eine vollständige dreidimensionale Werkstückbeschreibung
mit einer Datenstruktur, die nicht nur die einzelnen Flächenelemente
kennzeichnet, sondern auch deren Verknüpfung untereinander deutlich
macht / 5 /.

Unter den bekannten Prinzipien geometrischer Werkstückbeschreibung
entsprechen dabei den Forderungen der Grundausbaustufe die Beschreibungsformen der NC-orientierten Programmiersysteme nach Kapitel
2.1, während den verlangten Eigenschaften der höchsten Ausbaustufe
die in Kapitel 2.2 aufgezeigten Formen darstellungsorientierter Programmiersysteme am nächsten kommen. Wie die ausgeführten Ana-
lysen jedoch gezeigt haben, sind die genannten Alternativen in den bisherigen Formen weder auf Sprach- noch auf Verarbeitungs- oder Datenebene kompatibel.

Daraus erwächst im Rahmen des NCMES-Gesamtkonzeptes die Notwen-
digkeit, neue geometrische Beschreibungsformen zu entwickeln, mit
denen sowohl geometrische Einzelelemente für eine explizite Steuerung
des Meßablaufes wie auch vollständige Werkstückbereiche für eine automatisierte Meßablaufbestimmung beschrieben werden können. Für die Sy-
stemanwendung ist dabei die Kompatibilität der Ausbaustufen von entscheidender Bedeutung und bei der Konzeption eines geeigneten Werkstückbeschreibungssystems zwingend zu berücksichtigen. Ebenso sind
die Erfahrungen und Entwicklungen, die besonders auf dem Bereich
der Geometrieverarbeitung bei der Programmierung von NC-Bearbeitungsmaschinen bei Anwendern und Entwicklungsstellen bereits vorhanden sind, in die Planungen mit einzubeziehen, um dadurch eine praxis-
orientierte Realisierung zu gewährleisten.

2.4 Entwicklung eines einheitlichen NC-gerechten Werkstückbeschrei- bungssystems

Wie am Beispiel der Werkstückbeschreibung gezeigt wurde, war die
Rationalisierung fertigungstechnischer Teilbereiche bisher vorwiegend
geprägt durch den Einsatz autonomer aufgabenspezifischer Programmiersysteme (Insellösungen nach / 2 /) mit abgegrenzten speziellen
Einsatzspektren.

2.4.1 Eigenschaften aufgabenspezifischer Programmiersysteme

Analysiert man die Eigenschaften dieser Programmiersysteme im Hinblick auf ihren Aufbau, so ist zu erkennen, daß die Entwicklungen aufgabenspezifisch optimal ausgelegt sind, ohne in Systemstruktur und -anwendung zusätzliche Anforderungen bereichsüberschreitender Informationsverarbeitung zu berücksichtigen.

Mit zunehmendem Einsatz dieser selbständigen Systeme kommt jedoch den damit verbundenen, teilweise bereits aufgezeigten Nachteilen wachsende Bedeutung zu.

Ein Nachteil ist die mangelnde Übertragbarkeit von Algorithmen aufgrund unterschiedlicher Daten- und Systemstrukturen. Dies führt dazu, daß bei Systementwicklungen oft Teilaufgaben neu zu algorithmieren sind, für die in anderen Programmsystemen bereits Lösungen, je-

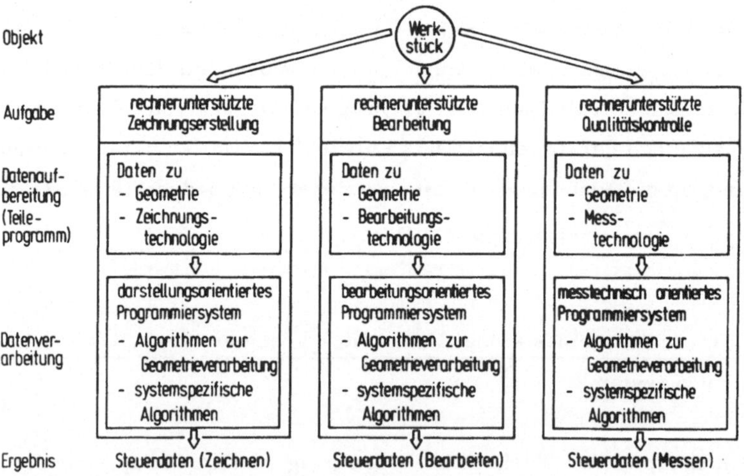

Bild 2-12: Datenverarbeitung in aufgabenspezifischen Programmiersystemen

doch mit jeweils systemspezifischem Charakter, vorhanden sind. Damit kann eine wirtschaftliche Mehrfachnutzung von Programmentwicklungen nicht befriedigend realisiert werden.

Ein weiterer Nachteil betrifft die Anwendung unverknüpfter autonomer Systeme in Teilbereichen mit funktionalem Zusammenhang. Hier bedeutet das Fehlen einer informationsschlüssigen Verbindung die mehrfache, meist manuelle Aufbereitung und Eingabe weitgehend gleicher Daten in Formulierungen der jeweiligen Eingabesprache. Dies gilt besonders für Angaben zur Beschreibung der Werkstückgeometrie (Bild 2-12).

2.4.2   Aspekte modularer Systemtechnik

Zum Abbau der genannten Nachteile fordert die Optimierung des Rechnereinsatzes in der Fertigung deshalb, neben dem Einsatz autonomer

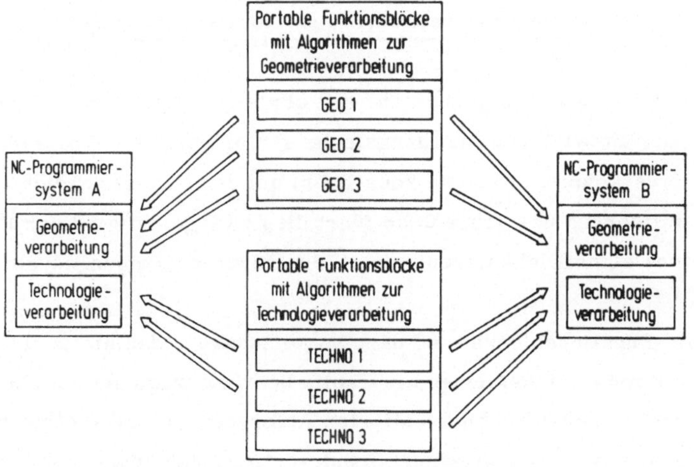

Bild 2-13: Mehrfachnutzung von Programmentwicklungen auf der Basis portabler Funktionsblöcke

Systeme, Möglichkeiten zu ihrer Verknüpfung / 42 /. Lösungsmöglich-
keiten werden in / 2 / diskutiert, jedoch lassen die bisher auf der Ebene der NC-Programmierung vorwiegend eingesetzten Systeme keine geeignete, praxisgerechte Realisierungsmöglichkeit erkennen.

Ein neuer Ansatzpunkt ergibt sich aus der Konzeption modularer Programmiersysteme / 28 /. Die Entwicklung weitgehend portabler, auf
die Verarbeitung abgegrenzter Teilaufgaben zugeschnittener Funktionsbausteine mit definierten Schnittstellen (Problemmodule) ermöglicht
dabei einerseits die Mehrfachnutzung von Softwareentwicklungen im
Rahmen selbständiger Systeme (Bild 2-13), wie andererseits die Integration von Teilsystemen in Verbindung mit zentralisierter Informationsverarbeitung / 29 /. Diese Eigenschaften seien an dieser Stelle
jedoch nur kurz angedeutet, eine vertiefte Betrachtung von Aufbau und
Struktur modularer Programmiersysteme ist Gegenstand späterer Ausführungen (siehe Kap. 4.1).

2.4.3   Konzept eines zentralen Werkstückbeschreibungssystems

Werden die vorstehend genannten, mit der Anwendung der Modulartech-
nik bei der Entwicklung fertigungstechnisch orientierter Programmiersysteme verknüpften Aspekte konsequent auf den Gesamtbereich der NC-
Programmierung übertragen, so führt dies zwangsläufig zu der Forderung eines einheitlichen, zentralen Werkstückbeschreibungssystems.

Portable Funktionsblöcke sind dazu so aufzubauen, daß sie,in entsprechenden Kombinationsformen,einerseits bearbeitungsorientierten und
andererseits meßaufgabenorientierten Anforderungen geometrischer
Datenverarbeitung entsprechen. Standardisierungsbemühungen / 30 /
und im Rahmen bisheriger Entwicklungen bereits eingeführte Datenstrukturen bilden weitere Randbedingungen.

Im folgenden werden Grundlagen, Realisierung und Anwendungsmöglich-
keiten eines NC-gerechten Werkstückbeschreibungssystems aufgezeigt,
das die genannten Anforderungen erstmals erfüllt.

3 Grundlagen einer allgemeinen NC-gerechten Werkstückbeschreibung

Das vorstehend bereits formulierte Ziel einer allgemeinen NC-gerechten Werkstückbeschreibung ist der rechnerinterne Aufbau eines einheitlichen Datenmodelles zur Abbildung geometrischer Werkstückbereiche sowohl in Verbindung mit Programmiersystemen zur automatisierten Steuerdatenerstellung für NC-Bearbeitungs- als auch für NC-Meßmaschinen.

Unter Berücksichtigung des in Kapitel 2 dargestellten Standes NC-orientierter Werkstückbeschreibung sowie der Anforderungen einer durch die rechnerunterstützte Programmierung von NC-Meßmaschinen sind für eine einheitliche Werkstückbeschreibung beliebige, miteinander verträgliche Bezugsmöglichkeiten auf folgende geometrische Einheiten zu gewährleisten:

- geometrische Grundelemente in zwei- und dreidimensionaler Darstellung (2D, 3D)
- ebene Konturbereiche (2D)
- geschlossene räumliche Werkstückbereiche (3D)

in dieser Reihenfolge korrespondierend mit :

- niedrigem Automatisierungsgrad bei NC-Bearbeitung und NC-Messen
- hohem Automatisierungsgrad bei NC-Bearbeitung
- hohem Automatisierungsgrad bei NC-Messen

Dies verlangt die Kombination der Eigenschaften flächenorientierter, konturorientierter und gestaltsorientierter Werkstückbeschreibungssysteme zur Definition geometrischer Angaben, die als Grundlage für Bohr-, Dreh- und Fräsbearbeitungsaufgaben einerseits und für mit diesen Bearbeitungsfällen verbundenen Meßaufgaben andererseits geeignet sind.

3.1 Prinzip einer volumenorientierten Werkstückbeschreibung

In dieser Arbeit wird nun erstmals das Ziel verfolgt, auf Sprach- sowie auf Verarbeitungs- und Datenebene die Kombination bisher nicht miteinander zu vereinbarender Eigenschaften aufgabenspezifischer Werkstückbeschreibungssysteme zu verwirklichen. Dazu zeigt Bild 3-1 die hierarchische Struktur eines Beschreibungs- und Verarbeitungsprinzips zum Aufbau von Volumenelementen, das aus den genannten Anforderungen entwickelt wurde.

Die problemorientierte Beschreibung und die rechnerinterne Verarbeitung der Werkstückgeometrie erfolgen in vier Stufen. Die Grundstufe umfaßt die Definition von 2D-Geometrieelementen, während in der zweiten Stufe 3D-Elemente aufgebaut werden, die mit den flächenorientierten Beschreibungsmethoden übereinstimmen. In der dritten Verarbeitungsphase können dann unter Berücksichtigung bekannter Methoden ebene Einzelelemente zu Konturen verknüpft und damit 2D-Bereiche gekennzeichnet werden.

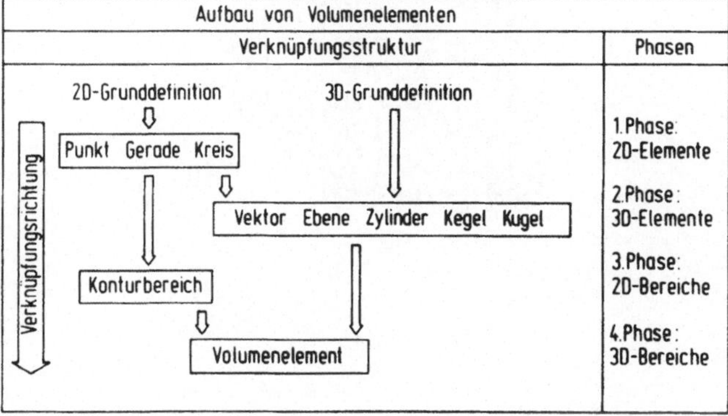

Bild 3-1: Aufbauphasen volumenorientierter Werkstückbeschreibung

Die Möglichkeit, durch eine Definition von Formelementen in Anlehnung an Prinzipien darstellungsorientierter Werkstückbeschreibung ein Teil in seiner Gestalt vollständig zu beschreiben, beruht auf dem Aufbau von Volumenelementen in der vierten Stufe.

3.1.1 Aufbau von Volumenelementen

Der grundsätzliche Unterschied zu den in Kapitel 2.2 behandelten darstellungsorientierten Beschreibungssystemen besteht dabei in der Bildung der Formelemente. Während diese Systeme hauptsächlich einen Vorrat generalisierter Grundkörper anbieten, aus denen durch Modifizierung der Kenngrößen aktuelle Werkstückteilbereiche zu beschreiben sind, beruht das Prinzip der Volumendefinition auf der Verknüpfung einzelner Flächen (Bild 3-2).

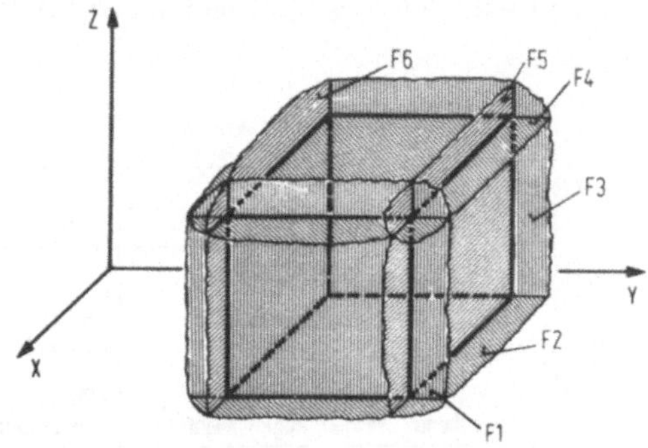

Bild 3-2: Volumendefinition durch Verknüpfung von Flächen (Prinzip)

Aus der grundsätzlichen Bedingung, daß die verknüpften Flächen ein Volumen vollständig einschließen müssen, leitet sich der Begriff Volumenelement ab, obwohl nicht der Rauminhalt des begrenzten Bereiches sondern seine Gestalt Gegenstand der Definition ist.

Gegenüber den werkstückorientierten Beschreibungsmethoden des Konstruktionsbereiches bietet dieses Prinzip den für NC-Systeme ausschlaggebenden Vorteil, daß die volumenorientierte Definition von Formelementen ausschließlich auf bekannten geometrischen Elementen basiert. Damit stellen die Volumenelemente eine Erweiterung eingeführter Beschreibungsformen dar, die in ihrer bisherigen Form und Bedeutung erhalten bleiben.

Dies ergibt sowohl bei der Systementwicklung wie bei der Anwendung die wesentliche Möglichkeit, vorhandene Softwarelösungen mehrfach zu verwenden.

3.1.2   Beschreibung von Volumenelementen

Für die Einführung neuer Definitionsformen zur Beschreibung von Volumenelementen sind die in Kapitel 2.1.1 aufgezeigten Standardisierungsbestrebungen zu beachten. Dabei ist eine Allgemeingültigkeit der neu zu entwickelnden Anweisungen durch prinzipielle Übertragbarkeit auf alle normgerechten Systeme zu gewährleisten. Dies bestimmt die Grundstruktur für neue Anweisungstypen.

Daneben stellen jedoch die durch den internen Aufbau von NC-Prozessoren gegebenen Randbedingungen einen zweiten wesentlichen Gesichtspunkt für die Entwicklung neuer Definitionsformen dar. Dies betrifft einerseits den Aufwand, der erforderlich ist, bestehende Algorithmen in Bezug auf die Verarbeitung neuer Anweisungen zu erweitern, und andererseits die Verarbeitung selbst.

Ein maßgebender Anteil kommt dabei der Kontrolle auf syntaktische und sequentielle Richtigkeit einer Anweisung zu, für die in Verbindung mit modular strukturierten NC-Programmiersystemen bereits spezielle Verfahren entwickelt wurden / 28 /.

Im Hinblick auf die Einführung von Volumenelementen auf Sprachebene sind damit bestehende geometrische Grunddefinitionen zu erweitern und geeignete neue Anweisungsformen zu finden. In diesem Zusammenhang muß beachtet werden, daß die Verarbeitungsmöglichkeiten innerhalb von Programmiersystemen generell abhängig sind von der Entwicklung spezieller, dem Aufbau möglichst einfacher Algorithmen angepaßter Definitionsformen. Die aus der Aufstellung von Regeln stets resultierenden Einschränkungen sind dabei abzuwägen gegen diese angestrebte Vereinfachung.

Der Aufbau von Volumenelementen erfordert demnach die Entwicklung möglichst einfacher Anweisungen, durch die Flächen zu geschlossenen Werkstückbereichen verknüpft werden können. Dabei ist jedoch die Beschreibungsmöglichkeit aller technischen Grundformen des vorgesehenen Teilespektrums zu berücksichtigen.

3.1.2.1 Technische Grundformen

Eine Übersicht über die wesentlichsten technischen Grundformen ist in Bild 3-3 dargestellt. Die Zielsetzung dieser Arbeit im Hinblick auf den Umfang der Beschreibungsmöglichkeiten wird in diesem Zusammenhang dahingehend definiert, daß alle Werkstückbereiche, deren Fertigung und Prüfung NC-Maschinen mit bis zu drei gesteuerten Achsen benötigen, beschreibbar sein sollen.

Eingeschlossen ist dabei eine beliebige Raumlage dieser Bereiche unter der Voraussetzung, daß durch Hilfsmittel, z.B. Vorrichtungen, die relative Lage zwischen Werkstück und Werkzeug stets den Anforderungen des jeweiligen Arbeitsprozesses entsprechend hergestellt werden kann.

Nicht berücksichtigt werden dagegen allgemeine Flächen zweiter und höherer Ordnung (z. B. Hyperboloid, Paraboloid), sowie allgemeine analytisch nicht einfach beschreibbare Flächen, die vorzugsweise fünfachsig gefertigt werden / 50 /. Diese Elemente sollen jedoch nicht grundsätzlich aus den Beschreibungsformen ausgeschlossen werden, vielmehr ist die Theorie der Volumendefinition so aufgebaut, daß prinzipiell in späteren Ausbaustufen auch die Bezugnahme auf allgemeine Flächen realisiert werden kann.

Fertigungsverfahren	Formelement	Beispiel
Bohren	Hohlzylinder	Lochplatte
Bohren Drehen	Kegel Kugel	Gelenkteil
Drehen	Drehteile	Welle
Fräsen	Konturzylinder	Profilkörper

Bild 3-3: Technische Grundformen

3.1.2.2 Beschreibungsprinzip

Das grundlegende Beschreibungsprinzip zum Aufbau von Volumenelementen unterscheidet Mantel-, Grund- und Deckflächen (Bild 3-4).
Jedem Element wird implizit oder explizit ein Achsvektor zugeordnet
und in Bezug darauf die Volumenausdehnung senkrecht zum Achsvektor
durch eine Mantelfläche und in Achsrichtung durch Grund- und Deckflächen begrenzt.

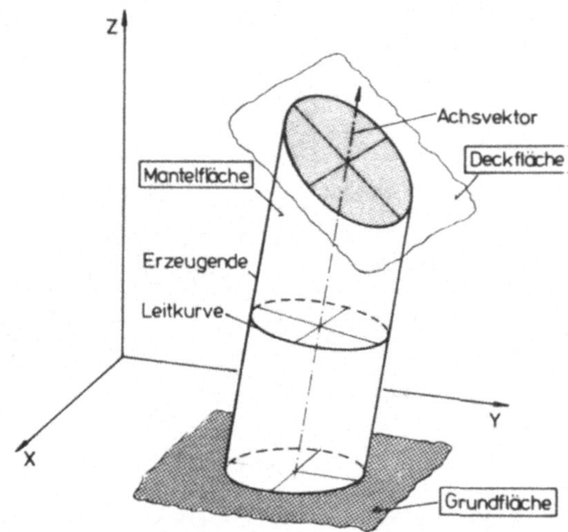

Bild 3-4: Definition von Volumenelementen (Begriffe und Komponenten)

3.1.2.2.1 Mantelflächendefinition

Für die Beschreibung der Mantelflächen sind grundsätzlich eine Leitkurve, eine Erzeugende und eine Vorschrift zu definieren, nach der die
Erzeugende entlang der Leitkurve zu bewegen ist (siehe Bild 3-4).

Zur Volumendefinition gilt dabei die Gesetzmäßigkeit, daß die Leitkurve geschlossen sein muß, keine Überschneidungen in sich aufweisen darf und in einer Ebene senkrecht zum Achsvektor zu definieren ist. Dementsprechend ist die einfachste Leitkurve ein Kreis.

Die korrespondierende Erzeugende muß dagegen stets eine offene Kurve darstellen und in einer Ebene senkrecht zu der die Leitkurve tragenden Fläche definiert sein. Die einfachste Erzeugende ist eine Gerade.

Die Anwendung dieses Beschreibungsprinzips auf die in Bild 3-3 gezeigten Formelemente ist für einfache Mantelflächen in Bild 3-5 und für Mantelflächen, die auf Konturdefinitionen basieren, in Bild 3-6 dargestellt.

Elementtyp	Modifikator	Mantelfläche		Darstellung
		Leitkurve	Erzeugende	
senkrechter Zylinder	CIR	Kreis um senkrechte Achse (implizit)	Gerade parallel zur Elementachse (implizit)	
allgemeiner Zylinder	CYL	Kreis um Raumachse (implizit)		
Kegel	CON		Gerade durch Kegelspitze (implizit)	
Kugel	SPH		Halbkreis durch Pole (implizit)	

Bild 3-5: Definition geometrisch einfacher Mantelflächen

Elementtyp	Modifikator	Mantelfläche		Darstellung
		Leitkurve	Erzeugende	
Kontur-zylinder	CUR	Konturzug explizit	Gerade senkrecht zur Konturebene (implizit)	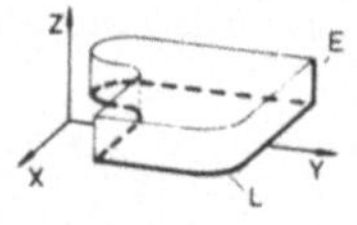
Rotations-körper	ROT	Kreis um X-Achse (implizit)	Konturzug (explizit)	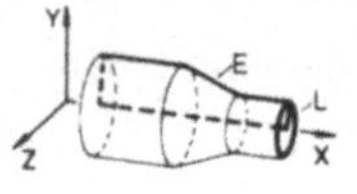

E   Erzeugende
L   Leitkurve

Bild 3-6: Mantelflächendefinition auf der Grundlage von Konturen

Mit dem konzipierten einheitlichen Bildungsgesetz lassen sich demnach alle in Bild 3-3 angeführten Körpertypen über die angegebenen Kombinationen von Leitkurve und Erzeugender auf gleiche Weise beschreiben. Dies gilt sowohl für die auch analytisch geschlossen zu definierenden Zylinder-, Kegel- und Kugelflächen, wir für die in keiner geschlossenen Form beschreibbaren Mantelflächen allgemeiner Kontur- und Rotationskörper, wie in späteren Beispielen (Kap. 3.2) dargestellt wird.

3.1.2.2.2 Grenzflächendefinition

Zur Kennzeichnung der Volumenausdehnung in Achsrichtung sind als Grund- und Deckflächen allgemein zwei Grenzflächen zu definieren. Bei Mantelflächen, die einseitig (z. B. Kegel) oder beidseitig (z. B. Kugel) geschlossen sind, kann eine Angabe von Grenzflächen auch entfallen. Die einfachsten Grenzflächen sind Ebenen.

Um einheitliche und eindeutige Beschreibungsformen zu gewährleisten,
gilt einschränkend, daß die aus dem Schnitt der Grenzflächen mit der
Mantelfläche resultierenden Raumkurven stets geschlossen sein müssen und sich obere und untere Schnittkurve dabei nicht schneiden dür-
fen. Bild 3-7 verdeutlicht diese Voraussetzung an einem einfachen Beispiel.

Würde anstelle der rotationszylindrischen Mantelfläche diese durch
Verknüpfung des Kreises C und der Geraden L als Kontur beschrieben, so könnte das gezeigte Volumenelement in einer zulässigen Form
definiert werden. In diesem Fall wäre von den Verarbeitungsprogrammen eine Berührung der beiden genannten Schnittkurven entlang der Geraden L festzustellen, und dies als erlaubte Konstellation zu akzeptie-
ren.

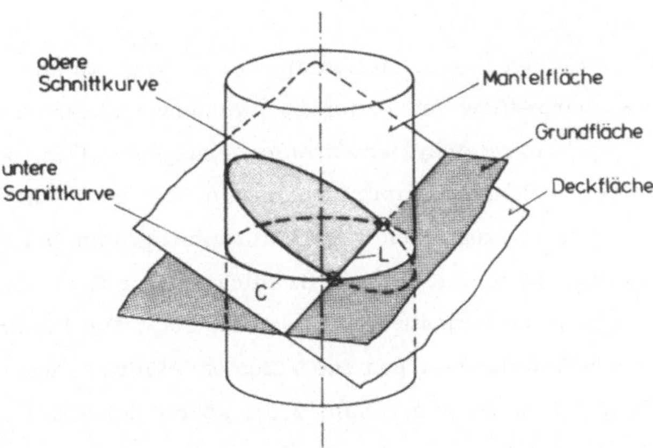

Bild 3-7: Beispiel einer unzulässigen Volumendefinition

3.1.2.3 <u>Definitionsformen</u>

Bei der Abbildung des vorstehend erläuterten Beschreibungsprinzips zur Volumendefinition in Terme der Eingabesprache sind die einführend genannten Randbedingungen (siehe Kap. 3.1.2) zu berücksichtigen. Dem entspricht in besonderem Maße die Entwicklung eines einzigen neuen Anweisungstyps auf der einheitlichen Basis von Mantel-, Grund- und Deckflächendefinitionen. Die Sprachmöglichkeiten NC-orientierter Programmiersysteme werden damit durch ein Minimum an zusätzlichen Definitionsformen so ausgeweitet, daß erstmals in einer mit den Sprachen der APT-Familie kompatiblen Form eine vollständige geometrische Werkstückbeschreibung möglich wird.

Für die Systementwicklung und -anwendung ist dies in mehrfacher Hinsicht von entscheidender Bedeutung, wie dies an zwei bereits angedeuteten Hauptpunkten näher ausgeführt werden soll.

Den ersten wesentlichen Faktor stellen die Verwaltung von Sprachelementen und die Überprüfung von Teileprogrammanweisungen dar, die an den Aufbau von Programmsystemen Anforderungen stellen, denen nur mit einem sehr hohen programmtechnischen Aufwand entsprochen werden kann. Den diesbezüglichen Verarbeitungsprogrammen kann sogar für die Systemimplementierung im Hinblick auf den Zentralspeicherbedarf ausschlaggebende Bedeutung zukommen / 29 /. Die Realisierung einer Vielzahl von Anweisungstypen zur Volumendefinition, wie sie beispielsweise COMPAC kennt (siehe Kap. 2.2), könnte deshalb durch wachsenden Zentralspeicherbedarf zu Implementierungsschwierigkeiten führen.

Den zweiten besonders zu nennenden Hauptpunkt bildet der Aufwand zur Einführung eines neuen Systems in den Kreis der Benutzer. Nur durch das Konzept der Übernahme standardisierter Definitionsformen zur Be-

schreibung geometrischer Grundelemente (vgl. Bild 3-1) als Bezugs-
größen für die generalisierteVolumendefinition werden die Teileprogrammierer in die Lage versetzt, vielfach vorhandene Programmier-
kenntnisse zu nutzen und auf dieser Basis schnell mit den neuen Möglichkeiten vertraut zu werden. Bild 3-8 zeigt die Grundstruktur für
Volumenanweisungen.

Das Hauptwort BODY, gewählt in Anlehnung an den gleichnamigen eng-
lischen Ausdruck für die Benennung allgemeiner Körper, kennzeichnet
die Definition eines vollständigen Werkstückbereiches. Zur Identifika-
tion dient ein Symbol (sb).

Die technologisch wichtige Unterscheidung zwischen Voll- und Hohlkörper wird an erster Stelle des Modifikatorteils getroffen. In Relation
zu den Hüllflächen geben dazu die Modifikatoren IN oder OUT an, ob
das Material innerhalb (Vollkörper) oder außerhalb (Hohlkörper) des
umschriebenen Raumes liegt.

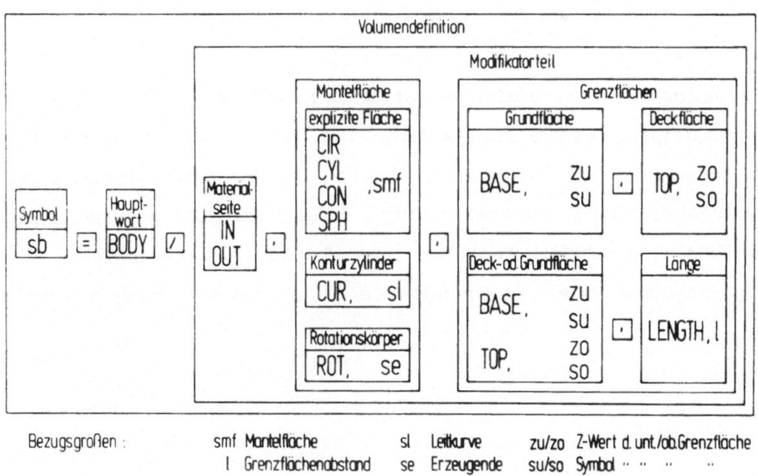

Bild 3-8: Anweisungen zur Volumendefinition (Grundstruktur)

Die Definition der Mantelflächen erfolgt für Elementarflächen (Zylinder-, Kugel-, Kegelflächen) über den direkten Bezug auf vorher explizit unter ihrem Symbol (smf) vereinbarten Elemente, wobei ein Modifikator (CIR, ..., SPH) den Typ der Bezugsfläche angibt. Die Mantelflächen von Kontur- bzw. Rotationszylindern werden dagegen in impliziter Form definiert durch das Symbol der sie kennzeichnenden Kontur (sl bzw. se). Diese wird dabei entsprechend dem durch den Modifikator CUR bzw. ROT angegebenen Körpertyp als Leitkurve bzw. Erzeugende interpretiert in Verbindung mit der jeweils dazu korrespondierenden Flächendefinition.

Explizit definierte Grenzflächen sind über ihr Symbol (su, so) anzugeben, wobei die Modifikatoren BASE und TOP untere und obere Grenzflächen kennzeichnen. Um eine eindeutige, von der tatsächlichen Raumlage unabhängige Unterscheidung zu gewährleisten, richten sich die Begriffe "unten" und "oben" dabei nach der Richtung des Achsvektors, der vereinbarungsgemäß stets zur oberen Grenzfläche zeigt. Mit der Anschaulichkeit stimmt dies üblicherweise dann überein, wenn der Achsvektor eine Komponente in Z-Richtung aufweist.

Eine verkürzte Programmierung ist für die häufigen Fälle vorgesehen, bei denen beide Grenzflächen parallel sind. Hier kann die Angabe der Körperlänge eine Grenze ersetzen, was meist mit der Systematik bei Zeichnungsbemaßungen übereinstimmt. Zusätzlich sind weitere implizite Definitionen möglich durch alleinige Angabe des konstanten Z-Wertes bei Ebenen parallel zur Grundebene des aktuellen Koordinatensystems.

3.2 Beispiele zur Beschreibung von Werkstückbereichen

Die folgenden Beispiele sollen demonstrieren, wie über die verschiedenen Definitionsformen unterschiedliche Werkstückbereiche beschrieben werden können.

3.2.1 Volumendefinitionen auf der Grundlage von APT-Flächen

Flächen der APT-Sprachen, die den Bildungsgesetzen für Mantelflächen direkt entsprechen, sind Zylinder-, Kegel- und Kugelflächen. Hierzu gibt es eine Vielzahl zugelassener Definitionsformen / 30 /, die jedoch an der Fertigungszeichnung orientiert sind und deshalb keinen expliziten Bezug haben zu Leitkurven mit korrespondierender Erzeugenden. Aus der einheitlichen internen Datenstruktur lassen sich jedoch die dem Prinzip der Mantelflächendefinition entsprechenden Komponenten stets eindeutig ableiten.

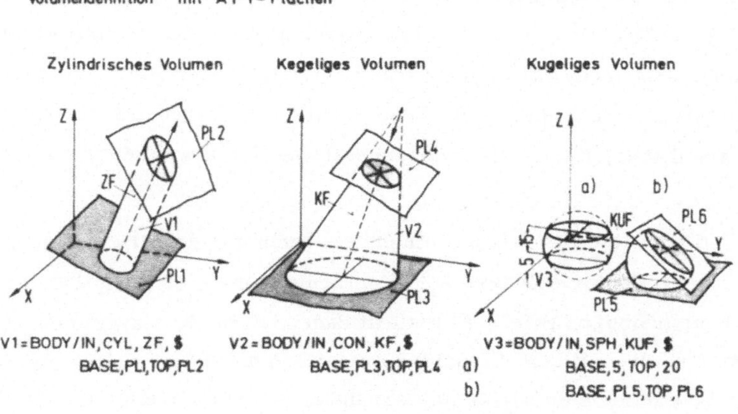

Bild 3-9: Volumendefinition mit APT-Flächen (Beispiele)

Bild 3-9 zeigt Beispiele von Volumendefinitionen, deren Mantelflächen Zylinder-, Kegel- und Kugelflächen sind. Für Kugelkörper gilt dabei die implizite Vereinbarung, daß eine virtuelle Achse aus der Z-Richtung des Koordinatensystems abzuleiten ist.

3.2.2 Konturzylinder

Wie in Kapitel 2 bereits ausgeführt, bildet in einigen APT-ähnlichen Sprachen die Definition ebener Konturen zu einem wesentlichen Teil die Grundlage der Werkstückbeschreibung. Diesbezüglich wird in / 15 / bereits der Begriff der Volumenelemente im Hinblick auf die Beschreibung von Konturzylindern eingeführt, jedoch in ausschließlichem Zusammenhang mit Definition und Verarbeitung von 2 1/2D-Fräsbearbeitungsaufgaben (siehe Kap. 2.1.1.2). Im Rahmen der verallgemeinerten Werkstückbeschreibung kennzeichnen Konturzylinder dagegen eine in geometrischem Sinne vollständige Beschreibung von Profilkörpern.

Dazu wird zur Mantelflächendefinition einer ebenen, geschlossenen Kontur die Funktion der Leitkurve zugeordnet, verbunden mit einer Geraden senkrecht zu der die Kontur tragenden Ebene als Erzeugende. Sind Grenzflächen und Konturebene parallel, so ergeben sich senkrecht abgeschnittene, sonst schief abgeschnittene Konturzylinder.

Bild 3-10 a zeigt als Beispiel einen senkrechten, einseitig schief abgeschnittenen Konturzylinder. Alle Konturelemente sind analytisch einfach beschreibbar. Bild 3-10 b stellt dagegen eine Konturzylinderdefinition dar, die mit dem Einschluß analytisch nicht einfach beschreibbarer geometrischer Elemente verbunden ist. Dies erlaubt die Beschreibung von Körpern, deren Kontur nur punktweise bestimmbar ist, z. B. Profile der Luft- und Raumfahrtechnik / 39 /.

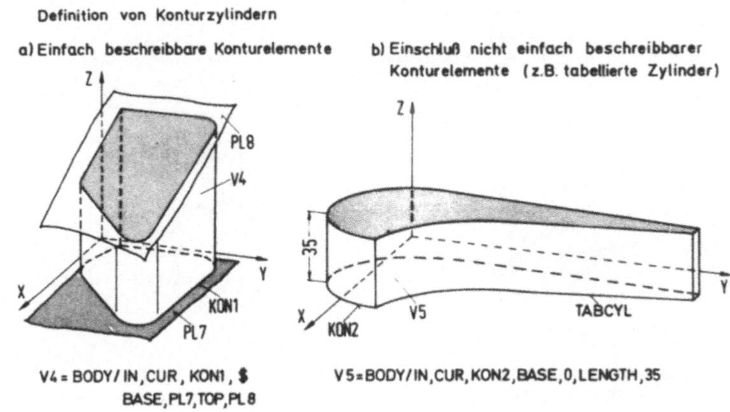

Bild 3-10: Definition von Konturzylindern (Beispiele)

3.2.3 Rotationskörper

Die Anwendung der Konturbeschreibung auch auf Rotationskörper ist bekannt / 9 /, jedoch hierbei in ausschließlichem Zusammenhang mit Drehbearbeitungsverfahren.

Die Übertragung dieses Beschreibungsprinzips auf die Definition allgemeiner rotationssymmetrischer Volumen entspricht einer konsequenten Erweiterung der Definitionsformen zur Mantelflächenbeschreibung. Dazu wird einer kreisförmigen Leitkurve ein Konturzug als Erzeugende zugeordnet und damit eine rotationssymmetrische Mantelfläche beschrieben.

Zur Gewährleistung der Kompatibilität speziell mit den genannten Drehbearbeitungsverfahren werden die hierfür eingeführten Beschreibungsvorschriften übernommen. Dies bedeutet die generelle Konturbeschrei-

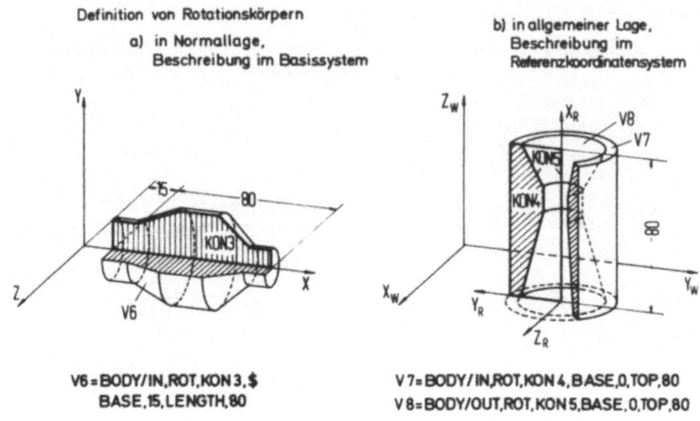

Bild 3-11: Beschreibung von Rotationskörpern (Beispiele)

bung in einer XY-Ebene in Verbindung mit der impliziten Festlegung der X-Achse als Drehachse. Durch die Einführung beliebiger Referenz-koordinatensysteme resultiert aus dieser Festlegung jedoch keine Ein-schränkung im Hinblick auf beliebige Raumlagen (Bild 3-11).

3.3 Sonderkörper

Aus den gezeigten Beispielen geht hervor, daß mit den vorgestellten Volumenelementen entsprechend der in Kapitel 3.1.2.1 formulierten Zielsetzung die große Mehrheit aller Werkstücke des vorgesehenen NC-Teilespektrums zu beschreiben ist.

Zusätzlich sind indessen auch Körper zu beachten, die in den bisher entwickelten Definitionsformen nicht eingeschlossen sind, z. B. solche mit pyramidenförmiger Gestalt (Bild 3-12). Diese nehmen im Rahmen des Einsatzes hoch automatisierter NC-Programmiersysteme deshalb

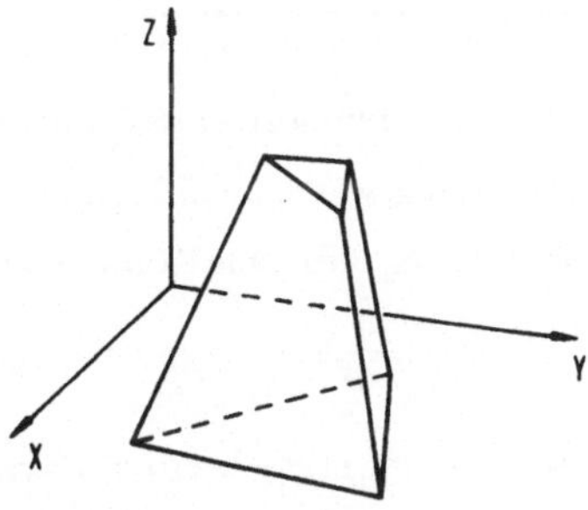

__Bild 3-12:__ Sonderkörper (Beispiel)

stets eine Sonderstellung ein, da sie sich durch spezielle Fertigungsbedingungen der vollen Integration in allgemeingültige Verarbeitungsalgorithmen entziehen, dennoch sollen sie im Hinblick auf die Durch-
führung von Meßaufgaben nicht aus den Beschreibungsmöglichkeiten
ausgeschlossen werden.

Durch eine Zerlegung dieser Elemente in ihre Einzelflächen kann hierzu die Volumendefinition meist durch eine Beschreibung berandeter
Flächenelemente vollwertig ersetzt werden. Ausführungen über deren
allgemeine Definition und Verarbeitung ist jedoch Gegenstand von Kap.
4.2.2, auf das deshalb an dieser Stelle verwiesen werden soll.

4 Realisierung der volumenorientierten Werkstückbeschreibung im Rahmen modularer NC-Programmiersysteme

Die Realisierung der in Kapitel 3 entwickelten Grundlagen zur volumenorientierten Werkstückbeschreibung wird im folgenden dargestellt am
Beispiel des auf die Automatisierung der Qualitätskontrolle ausgerich-
teten Programmiersystems NCMES.

Durch Ergänzung und Erweiterung übertragbarer Softwarelösungen, die
für NC-Bearbeitungsfälle bereits verfügbar sind, erfolgt dies unter
weitgehender Nutzung bereits auf dem Markt angebotener Programme.
Damit wird einerseits der Forderung nach Wirtschaftlichkeit bei der
Systementwicklung Rechnung getragen, wie andererseits nur durch
Orientierung an bekannten und in die Industrie eingeführten Systeme
den starken Anwenderwünschen nach Vereinheitlichung der Eingabesprachen / 1 / entsprochen werden kann.

4.1 Modularsysteme in der Fertigungstechnik

Den vorstehend genannten Forderungen entspricht die Entwicklung der
in Kapitel 2.4.3 bereits kurz angesprochenen Modularsysteme, deren
Eigenschaften nun näher analysiert werden sollen. Im Zusammenhang
mit fertigungstechnisch orientierten Programmiersystemen wird der
Begriff "Modularsystem" in / 28 / eingeführt in Bezug auf ein aus Funktionsbausteinen aufgebautes Verarbeitungsprogramm (Bild 4-1). Dabei
erfüllt jeder problemorientierte Modul genau definierte Aufgaben, während die Kombination aller modularer Komponenten das gesamte Programmsystem bildet.

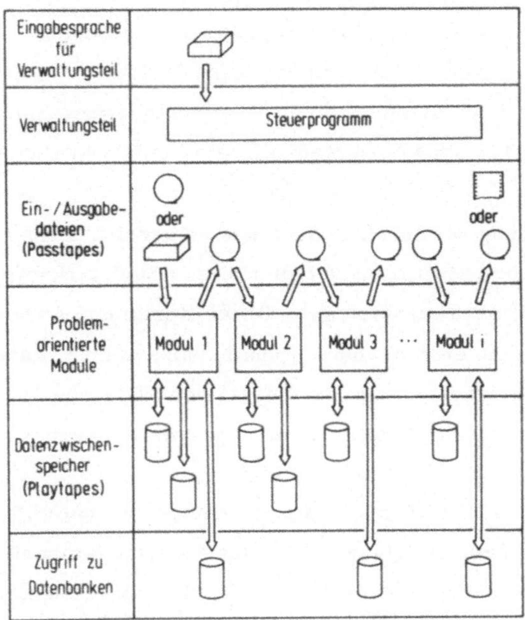

Bild 4-1: Aufbau eines Modularsystems /28/

Spezifische Kombinationsformen bzw. Entwicklung und Einbau neuer Funktionsbausteine ermöglichen eine Systemanpassung an unterschiedliche Aufgabenstellungen. Die so gebildeten Einzelsysteme können im Rahmen der Familie APT-ähnlicher Sprachen unter dem Begriff modularer NC-Systeme zusammengefaßt werden. Hinblickend auf Integrationsmöglichkeiten liegt die besondere Bedeutung auf der Gewährleistung einheitlicher Funktionsbausteine, Schnittstellen und Datenstrukturen, als eine der Voraussetzungen für den Aufbau integrierter Verarbeitungssysteme nach / 2 /.

Die aktuelle Realisierung der Systemkomponenten umfaßt neben allgemeingültigen vorwiegend organisationsspezifischen Modulen Funktionsbausteine für Bohr-, Dreh- sowie für einfache Fräsbearbeitungsaufgaben. Bausteine zur hoch automatisierten Werkzeugwegbestimmung nach den in Kapitel 2.1.1.2 genannten Methoden sind in Entwicklung / 31 /.

Für eine Orientierung des NCMES-Aufbaues an bereits eingesetzten, bewährten Programmentwicklungen bietet dieses Modularkonzept damit alle notwendigen Voraussetzungen. Durch Kombination übertragbarer Module mit neu zu entwickelnden Funktionsbausteinen, kann auf dieser Basis ein geeignetes, auf den Einsatz von NC-Meßmaschinen ausgerichtetes Verarbeitungsprogramm ausgearbeitet werden.

Der Gruppe modularer NC-Systeme kommt damit bei den Rationalisierungstendenzen auf dem Teilgebiet CAM eine richtungsweisende Bedeutung zu. Die Realisierung des in dieser Arbeit konzipierten einheitlichen NC-gerechten Werkstückbeschreibungssystems stellt hierzu einen Beitrag dar, der auf die Eröffnung weiterer zukunftsorientierter Möglichkeiten gerichtet ist.

4.2 Komponenten modular strukturierter Geometrieverarbeitung zur vollständigen NC-gerechten Werkstückbeschreibung

Im Rahmen des bisherigen Aufbaues modularer Systeme wurden Bausteine zur Geometrieverarbeitung bereitgestellt, die auf den in Kapitel 2.1.1 gezeigten Möglichkeiten NC-orientierter Werkstückbeschreibung beruhen. Dies sind der Modul PLCDEF zur Verarbeitung ebener geometrischer Elemente und der Modul CONTUR zur Verknüpfung dieser Elemente zu Konturen / 28 /.

Für den Aufbau eines vollständigen Werkstückmodelles nach der Zielsetzung von Kapitel 3 sind damit Funktionsblöcke zur Definition räumlicher Flächen und die darauf basierende Generierung von Volumenelementen neu zu entwickeln und mit den erstgenannten Modulen zu kombinieren.

Die Zusammenfassung aller 3D-Einzelfunktionen in einem Modul THREED und der Aufbau von Volumenelementen durch einen Funktionsblock VOLDEF erlauben dabei durch die in Bild 4-2 dargestellten Modulkombination eine stufenweise, unterschiedlichen Anforderungen entsprechende Geometrieverarbeitung.

Der in dem Bild gezeigte Datenfluß verdeutlicht, wie die Module aufeinander aufbauen. Jede Verarbeitungsstufe generiert entsprechend der für sie relevanten Teileprogrammanweisungen eine spezifische Datenausgabe auf periphere Speicher (sog. Playtapes nach /28/) als

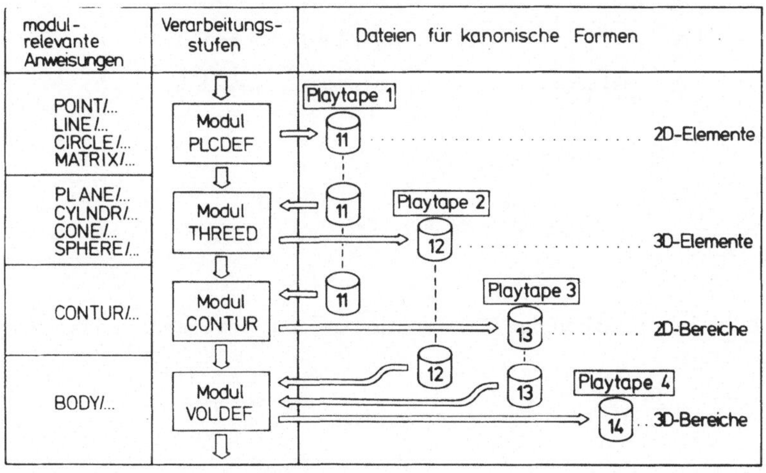

Bild 4-2: Komponenten modular strukturierter Geometrieverarbeitung

Grundlage weiterer Verarbeitung. Diese Dateien stehen dann einerseits den Zugriffen nachfolgender Geometriemodule zur Verfügung, wie sie andererseits die Datenbasis für technologische Berechnungen darstellen.

Die notwendigen Modulkombinationen werden von den Anforderungen der Technologieverarbeitung bestimmt. Am Beispiel von Programmiersystemen mit niederem Automatisierungsgrad (BASIC-EXAPT, NCMES I) und mit hohem Automatisierungsgrad (EXAPT 3, NCMES II) zeigt dies Bild 4-3 für den Aufbau von fertigungs- und meßaufgabenorientierten Geometrieverarbeitungsteilen.

PLCDEF	THREED	CONTUR	VOLDEF	Geometrie-module / Technologische Anforderungen
●		○		niedrig autom. Fertigen (BASIC-EXAPT)
●	●	○	○	niedrig autom. Messen (NCMES I)
●	○	●	○	hoch autom. Fertigen (EXAPT 3)
●	●	●	●	hoch autom. Messen (NCMES II)

● Notwendige Module

○ Module für zusätzliche Funktionen (z.B. graphische Ausgabe)

Bild 4-3: Systemabhängige Kombination geometrieverarbeitender Module

4.2.1 Verarbeitung geometrischer Einzelelemente

Geometrische Einzelelemente werden zweistufig durch die aufeinander-folgende Aktivierung der Module PLCDEF und THREED verarbeitet.

Die Aufgabe des ersten Funktionsblockes ist der Aufbau einer Datei für die kanonischen Formen ebener geometrischer Elemente. Diese Schnittstelle (Playtape 1) entspricht den Anforderungen der Grundstufe bearbeitungsorientierter Systeme (Modulkombination BASIC-EXAPT).

Der Modul THREED generiert anschließend dreidimensionale Flächen und erstellt dabei eine Datenbasis (Playtape 3), die bereits meßtechnischen Grundforderungen nach Kapitel 2.3 genügt.

Dazu werden in einem ersten Verarbeitungsschritt die ebenen geometrischen Elemente von Playtape 1 in 3D-kanonische Formen gewandelt. Dies entspricht der den APT-Sprachen zugrunde liegenden Vereinbarung, daß 2D-Definitionen nur vereinfachte räumliche Beschreibungsformen darstellen, d. h. daß eine Gerade eine Ebene und ein Kreis einen Zylinder senkrecht zu der Grundebene des Koordinatensystems impliziert. Damit wird die Voraussetzung geschaffen für den Aufbau eines einheitlichen Werkstückmodelles unter Zulassung gemischter 2D/3D-Beschreibungsformen.

Der zweite Schritt umfaßt die Verarbeitung aller direkten 3D-Anweisungen, durch die Raumflächen (z. B. ebene, zylindrische, kegelige, kugelige Flächen) entsprechend standardisierter Definitionen / 30 / unmittelbar im Werkstückkoordinatensystem angegeben werden können.

Das Zusammenwirken der Funktionsblöcke PLCDEF und THREED leistet damit die Verarbeitung aller geometrischer Einzelelemente, verbunden mit dem Aufbau getrennter Dateien für 2D- und 3D-Geometrieelemente.

Durch Bezugnahme auf frei wählbare Referenzkoordinatensysteme / 32 /
können in Anpassung an die Erfordernisse nachfolgender Verarbeitungsalgorithmen dabei Werkstückteilbereiche wahlweise durch ebene oder
direkt durch räumliche Elemente beschrieben werden.

4.2.2 Aufbau von Konturbereichen

Das Prinzip der Verknüpfung ebener, analytisch einfach beschreibbarer
Geometrieelemente zu Konturen (siehe Kap. 2.1.2) ist bekannt und innerhalb des Moduls CONTUR / 28 / bereits realisiert, so daß auf diesen Funktionsblock zurückgegriffen werden kann.

Im Gegensatz zu der bisherigen Vorschrift, nach der sich Konturdefinitionen direkt auf das Werkstückkoordinatensystem beziehen müssen
und die Kontur stets in einer zur XY-Hauptebene parallelen Ebene zu
verknüpfen ist / 10 /, fordert ein allgemeines Werkstückbeschreibungssystem jedoch die Aufhebung dieser Einschränkung. Dies betrifft einerseits die Zulassung von Referenzkoordinatensystemen zur Definition
darauf bezogener ebener Konturen und andererseits die Möglichkeit,
in Sonderfällen, wie sie zum Beispiel in Kapitel 3.3 angeführt sind,
Konturen mit räumlicher Lage der Verknüpfungsebene zu beschreiben.

Zur Gewährleistung einheitlicher, von der jeweiligen Definitionsform
unabhängiger Datenstrukturen wird jeder abgespeicherten Kontur
(Playtape 3, vgl. Bild 4-2) der Bezug zwischen Referenzkoordinatensystem und Werkstückkoordinatensystem in Form einer Transforma-
tionsmatrix zugeordnet (Bild 4-4).

Bei explizit definierten Transformationsbereichen ergibt sich die rele-
vante Matrix durch Auflösung dieser Bereiche entsprechend der Grundlagen nach / 32 /. Konturbeschreibungen mit beliebiger räumlicher

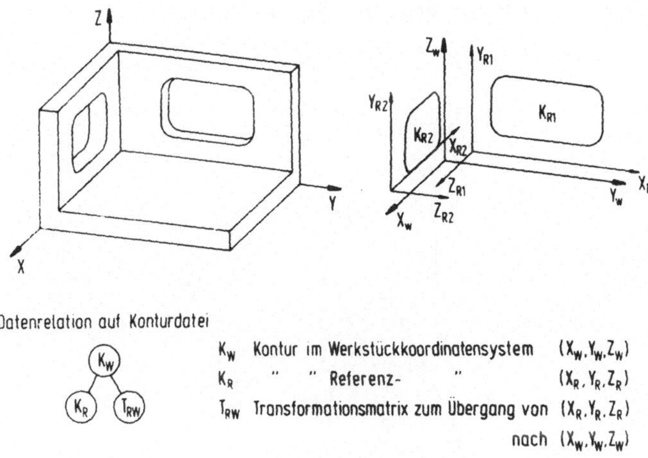

Bild 4-4: Definition von Konturen in beliebiger Raumlage (Prinzip)

Lage der Verknüpfungsebene müssen dagegen gesondert behandelt werden. In Erweiterung bisheriger Definitionsformen / 30 / erlauben sie die Angabe berandeter Flächenelemente bei minimalem Notationsaufwand, jedoch unter der Voraussetzung, daß alle Begrenzungskomponenten linear sind und in der zu begrenzenden Fläche liegen.

Als beispielhaften Anwendungsfall zeigt dieses Prinzip die Beschreibung der Seitenfläche eines pyramidenförmigen Körpers (Bild 4-5). Dazu wird ein Polygonzug durch Angabe von Eckpunkten definiert und aus diesem Element eine Kontur gebildet. Im Gegensatz zu den bekannten Anweisungsformen für Konturen in Normallage / 10 / kennzeichnet ein Modifikator (XYZ) die Raumlage. Dieser aktiviert bei der Verarbeitung die interne Bestimmung der Konturebene als Grundlage des Aufbaus der Kontur in kanonischer Form. Alle Konturelemente beziehen sich dann auf ein fiktives Referenzkoordinatensystem im Ursprung des Basissystems, das so bestimmt wird, daß seine Hauptebene parallel zur

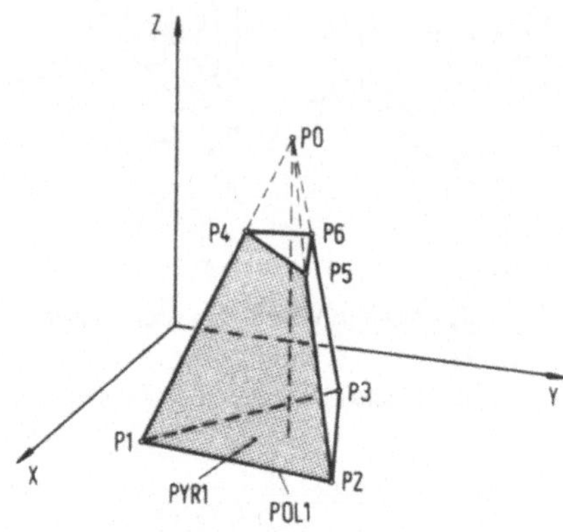

Bild 4-5: Definition begrenzter ebener Raumflächen

Konturebene liegt. Damit ergibt sich eine Normallage in Relation zu diesem Koordinatensystem und die Möglichkeit, die durch den Polygonzug bestimmten Konturelemente auf gewohnte Art miteinander zu verknüpfen.

Die Datei Playtape 3 (siehe Bild 4-2) bildet damit die Datenbasis für eine hoch automatisierte Werkzeugwegberechnung. Die bisher im Rahmen der EXAPT 3-Module realisierten Algorithmen (siehe Kap. 2.1.1.2) leisten eine Verfahrwegbestimmung allerdings nur bei Konturen mit Normallage im Werkstückkoordinatensystem.

Durch die erweiterte Form der Konturbeschreibung ist jetzt die Grundlage gegeben, das Anwendungsgebiet der für dieses System entwickelten Berechnungsmethoden noch wesentlich auszudehnen. Als Beispiel sei Kontur- und Taschenfräsen an allgemeinen Konturzylindern (schiefe Ebenen als Grund- und Deckflächen) mit beliebiger Raumlage genannt. Im Rahmen der vorliegenden Arbeit sollen diese Aspekte indessen nicht weiter verfolgt werden, da sie hauptsächlich die Technologieverarbeitung betreffen und diese von der Bereitstellung geometrischer Daten in geeigneter Form abhängig ist. Der Aufbau von Volumenelementen auf der Basis von Konturdefinitionen berücksichtigt jedoch gerade auch diese Zusammenhänge.

4.2.3 Verarbeitung von Volumendefinitionen

Für einen Aufbau von Volumenelementen entsprechend der in Kapitel 3 entwickelten Grundlagen sind in der letzten Geometrieverarbeitungsstufe (Modul VOLDEF) die Anweisungen zur Definition räumlicher Werkstückbereiche (BODY-Anweisungen, vgl. Bild 3-7) zu interpretieren, auf ihre Ausführbarkeit zu prüfen und in eine geeignete Datenstruktur zu überführen.

Damit beinhaltet die von diesem Modul zu erstellende Datei (Playtape 4, vgl. Bild 4-2) die Teilegeometrie in der Stufe größter Komplexität, wobei den Daten in Struktur und Relation die Funktion der modellhaften Abbildung der dreidimensionalen Werkstückbeschreibung zukommt.

Der Inhalt der Datei muß dabei nicht notwendigerweise die gesamte Werkstückgeometrie umfassen, sondern nur die Komponenten, die für den speziellen Anwendungsfall von Bedeutung sind. Dies sind Werkstückbereiche, die als Bearbeitungs- oder Meßstellen zu kennzeichnen sind oder als Kollisionskörper berücksichtigt werden müssen.

Für die rechnerinterne Darstellung der Volumenelemente sind Randbedingungen zu beachten, die sich einerseits aus den vorhergehenden Verarbeitungsteilen und den damit verbundenen Schnittstellendefinitionen ergeben und andererseits von den Anforderungen der folgenden technologischen Verarbeitungsalgorithmen bestimmt werden. Dem entspricht der Aufbau vollständiger Datensätze, deren Bedeutung im Rahmen der gesamten internen Werkstückdarstellung in Kapitel 4.3 beschrieben wird.

4.2.3.1 Grundmodell rechnerinterner Volumendarstellung

Das Grundmodell der rechnerinternen Volumendarstellung (Bild 4-6) ist gekennzeichnet durch das Tripel aus Mantelfläche M, Grundfläche G und Deckfläche D entsprechend

$$V = (M, G, D) \, ,$$

wobei die Mantelfläche in geschlossener Form oder durch die Kombination von Leitkurve L und Erzeugender E als das 2-Tupel

$$M = (L, E)$$

dargestellt sein kann. Im Falle des Konturzylinders umfaßt dabei die Leitkurve eine Summe von n Konturelementen $KL_1 \ldots KL_n$, bei der Rotationskörperdefinition gilt dies für die Erzeugende mit m Konturelementen $KE_1 \ldots KE_m$. Diese Relationen kennzeichnen die n-, m-Tupel:

$$L_K = (KL_1, KL_2, \ldots, KL_n)$$
$$E_K = (KE_1, KE_2, \ldots, KE_m) \, .$$

Aufgrund interner Festlegungen impliziert bei Konturzylindern die Leitkurve L_K eine zur Z-Achse parallele Gerade als Erzeugende E und bei Rotationskörpern die Erzeugende E_K einen Kreis um die X-Achse als Leitkurve L.

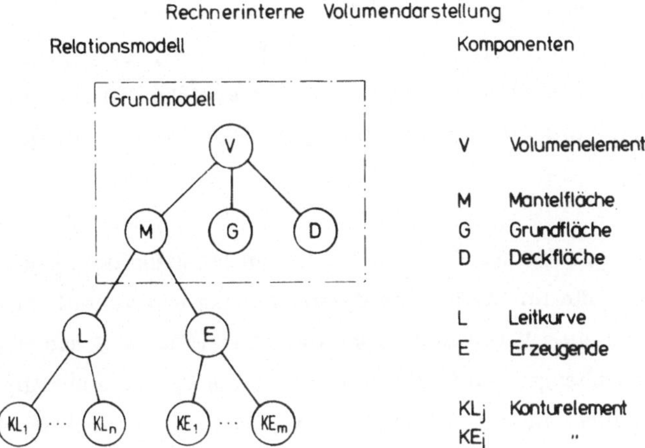

Bild 4-6: Relationsmodell zur rechnerinternen Darstellung von

Volumenelementen

Die Verarbeitung der Volumenanweisungen generiert damit ein Daten-
modell, das auf funktionaler Zuordnung diskreter Beschreibungsele-
mente basiert. Dies verbindet die geometrisch vollständige Definition
räumlicher Werkstückbereiche mit dem Aufbau von Datenstrukturen,
die den Anforderungen technologisch orientierter Verarbeitungsalgorithmen entsprechen. In Kapitel 4.3 wird dies noch eingehend dargestellt, während im folgenden auf die Speicherungsstruktur näher eingegangen werden soll.

4.2.3.2   Aufbau einer Datei für Volumenelemente

Der Aufbau einer Datei für Volumenelemente (Playtape 4) entspricht
dem Übertrag des beschriebenen Relationsmodelles auf die für den Da-
tentransfer zwischen Modulen entwickelte Recordstruktur / 28 /. Alle
Bezugselemente werden dabei in ihrer kanonischen Form in ein festge-

legtes Raster übertragen (Bild 4-7), das einen festen (Plätze 1 ... 19)
und einen variablen Teil (Plätze 20 ... 50) umfaßt. Aus dem Bild ist
die Zuordnung der Elemente zu den Rasterbereichen zu erkennen, wobei an dieser Stelle nur auf die allgemeine Struktur eingegangen werden
soll.

Die Plätze 1 ... 5 eines Records beinhalten Identifikations- und Organi-
sationsdaten, die für die interne Kennzeichnung und Verwaltung eines
Volumenelementes V von Bedeutung sind. Grundfläche G und Deckfläche
D werden unabhängig von ihrer Definition stets in eine einheitliche Form
gebracht, so daß sie auf feste Plätze (Nr. 12 ... 19) übertragen werden

Nr.	KEN-Feld	INTEGER-Feld	REAL-Feld
1 : 5		Volumenelement V Identifikations- und Organisationsdaten	
6 : 11	intern	Anzahl d. Folgerecords Körpertyp k	Werte der minimalen und maximalen Körperausdehnung in allen Achsen
12 : 15	intern	Flächentyp f	Grundfläche G
16 : 19	intern	Flächentyp f	Deckfläche D
20 : 22	intern	Vektortyp v	Achsvektor A
23 : 26	intern		Mantelfläche M od. Leitkurve L_K od. Erzeugende E_K

Schlüssel:

k=1 Kreiszylinder	f=1 Ebene parallel zur XY-Ebene
2 Kegel	2 " " " YZ- "
3 Kegelstumpf	3 " " " ZX- "
4 Kugel	4 allgemeine Ebene
5 Kugelsegment	v=1 Vektor senkrecht zur XY-Ebene
6 Kugelschicht	2 " " " YZ- "
7 Konturzylinder	3 " " " ZX- "
8 Rotationskörper	4 allgemeiner Vektor

__Bild 4-7:__ Speicherungsstruktur für Volumenelemente

können. Alle weiteren Daten müssen, der jeweiligen Mantelflächendefinition entsprechend, variabel abgespeichert werden. Bei geschlossen
beschreibbaren Mantelflächen sind das die Werte für Achsvektor A und
Mantelfläche M, bei Konturzylindern stimmen Achsvektor und Erzeugende überein (A = E, Plätze 20 ... 22), zusätzlich ist die Leitkurve L_K
angegeben, während bei allgemeinen Rotationskörpern die Erzeugende
E_K mit dem Achsvektor kombiniert ist. Der Index K kennzeichnet das
entsprechende Element als Kontur.

Neben der exakten Darstellung eines Volumenelementes durch das Tripel
(M, G, D), dessen Kontrolle auf geometrische Eindeutigkeit und seine
Abbildung in Recordstruktur, liegt ein weiterer Schwerpunkt der Vo-
lumenverarbeitung in einer Berechnung der Werte für die minimale
und maximale Körperausdehnung in jeder Achse (Plätze 6 ... 11). Damit kann jedem Volumenelement ein durch achsparallele Kanten gekenn-
zeichneter Hüllquader zugeordnet werden, der als vereinfachte Darstellung des definierten Werkstückbereiches zu interpretieren ist
(Bild 4-8).

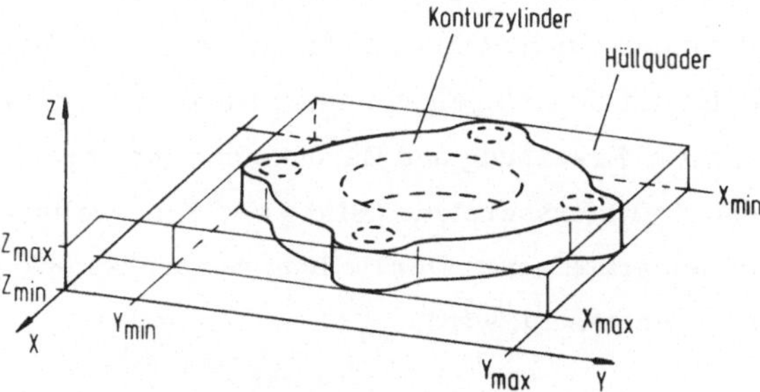

Bild 4-8: Hüllquader am Beispiel eines Konturzylinders

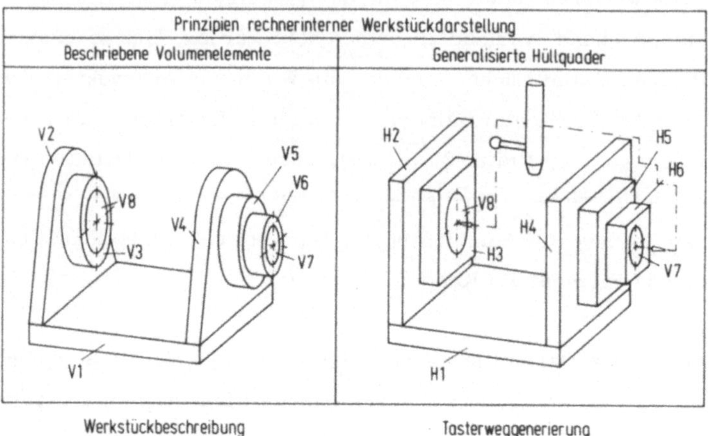

Bild 4-9: Hüllquader als dreidimensionale Positionier- und Kollisionsbereiche

Für folgende Berechnungsverfahren wird somit nicht nur die detaillierte Werkstückbeschreibung sondern auch die durch Vereinfachung generalisierte Darstellung aufbereitet. In Verbindung mit den in / 5 / vorgeschlagenen Prinzipien zur automatisierten Meßweggenerierung, kann dies zum Beispiel als Grundlage genommen werden für die Realisierung von Algorithmen zur Erkennung und Berücksichtigung dreidimensionaler Positionier- und Kollisionsbereiche (Bild 4-9). Eine weitere Bedeutung ist hinsichtlich der graphischen Darstellung von Werkstücken zu sehen, wie in Kapitel 5 noch gezeigt wird.

4.3 Rechnerinterner Aufbau des Werkstückmodelles

Das Zusammenwirken der in dem vorhergehenden Kapitel aufgezeigten Komponenten modular strukturierter Geometrieverarbeitung, ist die

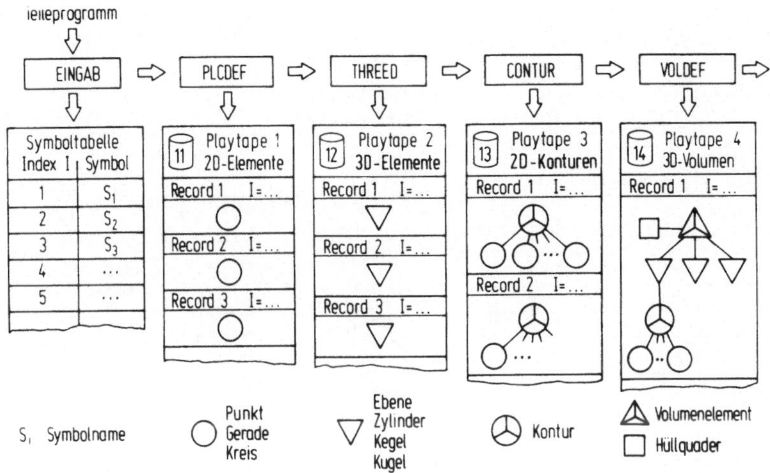

Bild 4-10: Aufbau des rechnerinternen Werkstückmodells (Prinzip)

Grundlage für den rechnerinternen Aufbau des NC-orientierten Werkstückmodelles, das die Eigenschaften flächen-, kontur- und gestaltsorientierter Beschreibungssysteme in sich vereinigt. Das Prinzip beruht auf der gezeigten Generierung typweise getrennter, den jeweiligen
Verarbeitungsstufen entsprechenden Dateien mit zentraler Verwaltung
(Bild 4-10).

Jede Datei besteht dabei aus Datensätzen, die jeweils ein Geometrie-
element als autonome Einheit vollständig definieren. Dies gilt für Einzelelemente wie für ebene und räumliche Werkstückbereiche. Die Zuordnung von Symbolen zu den geometrischen Einheiten wird in einer
zentralen Tabelle verwaltet.

Zur Erläuterung der charakteristischen Eigenschaften des in dieser
Struktur aufgebauten Werkstückmodelles zeigt Bild 4-11 ein einfaches

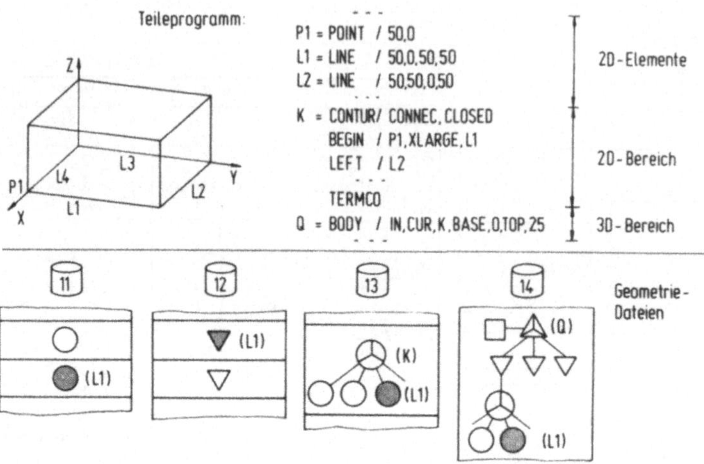

Bild 4-11: Beschreibung und Verarbeitung von Volumenelementen
(Beispiel)

Beispiel. Dargestellt sind Teileprogrammanweisungen zur Definition des abgebildeten Quaders   sowie Struktur und Datenrelation der durch die Geometrieverarbeitung generierten Dateien.

Die Symboltabelle dokumentiert die Reihenfolge der Anweisungen und hält die Zuordnung zwischen der explizit gegebenen Bezeichnung eines Elementes und einem internen Suchindex I fest. Die graphische Kennzeichnung des Typs entsprechend der angegebenen Verschlüsselung erfolgt zur Erhöhung der Verständlichkeit. Die Beschreibung des Quaders umfaßt demnach die Geometrieelemente P1 ... Q. Dabei gehören P1 ... L4 zu der Gruppe ebener Einzelelemente die zu dem Konturbereich K verknüpft werden. G1 und G2 sind räumliche Einzelelemente, während das Volumenelement Q den Quader in seiner geometrischen Gesamtheit repräsentiert.

Am Beispiel einer Grundkante soll nun die Struktur des Werkstückmodelles erläutert werden:

Die Kante L1 liegt in einer Ebene parallel zur XY-Ebene des Werkstücksystems und kann somit als zweidimensionale Gerade beschrieben und auf der entsprechenden Datei Playtape 1 abgelegt werden (1. Phase). Der Aufbau dreidimensionaler Elemente durch die zweite Verarbeitungsstufe generiert anschließend aus der Geraden eine senkrechte Ebene und überträgt diese unter derselben Kennung auf Playtape 2. Da in der Konturdefinition die Gerade L1 angesprochen wird, erscheint diese im Zuge des Konturaufbaues auch als nicht speziell benanntes Konturelement auf der Datei Playtape 3 (3. Phase). Bei der Beschreibung des Quaders als Volumenelement kommt der Kontur letztlich die Funktion der Leitkurve zu, so daß die Gerade in Form des Konturelementes auch auf Playtape 4 abgelegt wird (4. Phase).

Damit sind die Eigenschaften dieses Werkstückmodelles eindeutig zu erkennen:

Die volumenorientierte Werkstückbeschreibung verbindet die Bezugsmöglichkeiten auf räumliche Werkstückbereiche (z. B. auf den Quader Q) mit dem Vorteil, auf gleiche Weise alle bereichsbildenden geometrischen Komponenten ansprechen zu können. Dies gilt sowohl für ebene Teilbereiche (z. B. Kontur K) wie für dreidimensionale und zweidimensionale Elemente (z. B. L1 als Ebene oder Gerade). Grundlage ist der Aufbau typspezifischer Dateien aus benannten, autonomen Datensätzen mit zentraler Verwaltung.

Der Nachteil dieser Modellstruktur, besonders im Vergleich mit anderen Speicherungsstrukturen /33, 34 / liegt in einer nicht vermeidbaren Redundanz, bedingt durch die Autonomie der Datensätze. Diese Eigenschaft ist jedoch eng verbunden mit der notwendigen Anpassung an die für Modularsysteme bereits eingeführte zentrale Datenhandhabung /28 / und damit abhängig von dem Gesamtkonzept der Familie dieser NC-Systeme.

4.4 Beispielhafte Anwendung der volumenorientierten Werkstückbeschreibung

Am Beispiel eines Spiegelträgers aus der optischen Industrie sollen die Möglichkeiten der volumenorientierten Werkstückbeschreibung anschaulich demonstriert werden. Dazu zeigt Bild 4-12 den Auszug aus einer Werkstattzeichnung, in dem als Grundlage für die Teileprogrammerstellung geometrische Elemente mit Symbolen gekennzeichnet wurden.

Die der Programmierung zugrunde gelegte Aufgabenstellung sieht vor, daß zwei senkrechte Zylinderflächen (SZB1, SZB2), eine Ringfläche (SZK2), eine waagerechte Bohrung (WZB1) sowie eine Paßfläche (WZB2) zu vermessen sind. Die entsprechenden geometrischen Anweisungen (Bild 4-13) beschreiben diese Meßstellen als Volumenelemente, wobei in Erweiterung der bereits in Bild 3-8 gezeigten Anweisungsformen für den häufigen Fall senkrechter Kreiszylinder die Angaben zu Mittelpunkt und Radius in der Modifikatorenliste direkt gemacht werden können (..., CIR, CENTER, ..., RADIUS, ...).

Zusätzlich zu diesen Meßelementen kennzeichnen weitere Symbole (SZK1, SZK3, WZK1) Kollisionsbereiche, die bei der Generierung von Tasterverfahrwegen zu berücksichtigen sind. Dies gilt ebenso für die als Grundkörper (GRUNDK) und Flansch (FLANSH) gekennzeichneten Konturzylinder in vereinfachter Beschreibung (Bild 4-14). Während der Flansch als Quader (Kanten LF1 ... LF4) direkt im Werkstückkoordinatensystem definiert werden kann, bezieht sich die Angabe der Kanten für die Grundkörperbeschreibung (LG1 ... LG4) auf das in der $Y_W Z_W$-Ebene liegende $X_R Y_R$-Referenzkoordinatensystem. In diesem werden die Geraden zu einer Kontur (KONG) verknüpft, um damit die Mantelfläche des Grundkörpers zu kennzeichnen. Die Richtung der Körperachse ergibt sich dabei aus der Z_R-Achse, so daß mit den Ebenen SGF3 und SGF5 als Grund und Deckfläche die Volumendefinition zu vervollständigen ist.

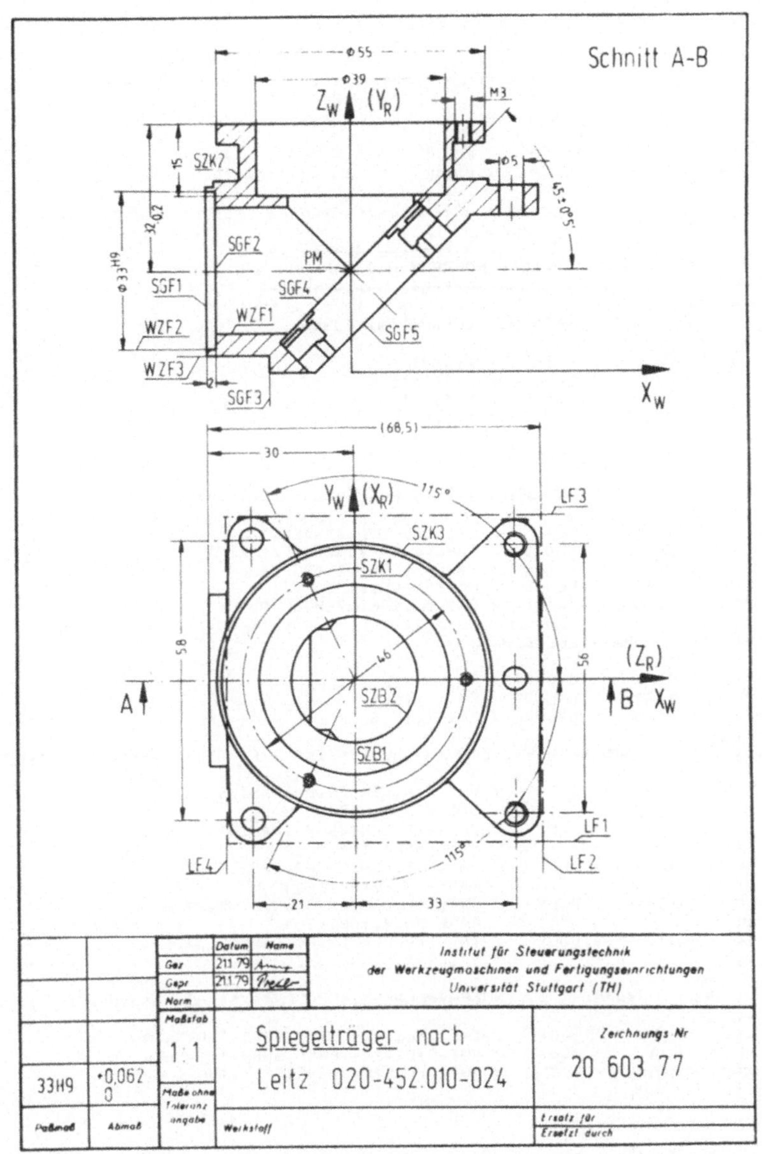

Bild 4-12: Spiegelträger (Zeichnungsunterlage zur Teileprogrammerstellung)

```
DATE = 01/17/79    TIME = 16.55.18.


                         *** NCMES - MODULARPROZESSOR  VERSION 78/09  ***
                         ***            IMPLEMENTED ON CDC CYBER        ***


***********     MASTER --- MODUL   0 --- VERSION 78/09     ***********
***********     EINGAB --- MODUL   1 --- VERSION 78/09     ***********

  1                    PARTNO / SPIEGELTRAEGER NACH LEITZ 020-452.010-024
  2     SS
  3     SS       -----------------------------------------
  4     SS       ZYLINDRISCHE KOERPER UND BOHRUNGEN
  5     SS       -----------------------------------------
  6     SS
  7     SS       GEOMETRISCHE HILFSDEFINITIONEN
  8     SS
  9       PM      = POINT  / 0,0,21
 10       LX      = LINE   / 0,0,100,0
 11       LY      = LINE   / 0,0,0,100
 12       VX      = VECTOR / 1,0,0
 13       V1      = VECTOR / 1,0,-1
 14       YZPL    = PLANE  / 1,0,0,0
 15     SS
 16     SS       GRENZFLAECHEN (TOP-, BASE-BEZUGSFLAECHEN)
 17     SS
 18       SGF1    = PLANE  / PARLEL,YZPL,XSMALL,30
 19       SGF2    = PLANE  / PARLEL,SGF1,XLARGE,2
 20       SGF3    = PLANE  / PARLEL,SGF1,XLARGE,13
 21       SGF4    = PLANE  / PM,PERPTO,V1
 22       SGF5    = PLANE  / PARLEL,SGF4,ZSMALL,9.5
 23     SS
 24     SS       MANTELFLAECHEN
 25     SS
 26       WZF1    = CYLNDR / PM,VX,13
 27       WZF2    = CYLNDR / PM,VX,16.5
 28       WZF3    = CYLNDR / PM,VX,17.5
 29     SS
 30     SS       SENKRECHTE ZYLINDER-VOLUMEN (KOERPER=SZK, BOHRUNGEN=SZB)
 31     SS
 32       SZB1    = BODY   / OUT,CIR,CENTER,PM,RADIUS,19.0,$
 32                          BASE,37.0,TOP,52.0
 33       SZB2    = BODY   / OUT,CIR,CENTER,PM,RADIUS,13.0,$
 33                          BASE,SGF4,TOP,37.0
 34       SZK1    = BODY   / IN ,CIR,CENTER,PM,RADIUS,27.0,$
 34                          BASE,47.0,TOP,52.0
 35       SZK2    = BODY   / IN ,CIR,CENTER,PM,RADIUS,23.0,$
 35                          BASE,39.5,TOP,47.0
 36       SZK3    = BODY   / IN ,CIR,CENTER,PM,RADIUS,27.5,$
 36                          BASE,38.5,TOP,39.5
 37     SS
 38     SS       WAAGER. ZYLINDER-VOLUMEN (KOERPER=WZK, BOHRUNGEN=WZB)
 39     SS
 40       WZK1    = BODY   / IN ,CYL,WZF3,BASE,SGF1,TOP,SGF3
 41       WZB1    = BODY   / OUT,CYL,WZF1,BASE,SGF2,TOP,SGF4
 42       WZB2    = BODY   / OUT,CYL,WZF2,BASE,SGF1,TOP,SGF2
```

Bild 4-13: Teileprogramm Spiegelträger (Definition von Meßstellen)

```
43  $$
44  $$      ------------
45  $$      GRUNDKOERPER
46  $$      ------------
47  $$
48  $$      KONTURZYLINDER-MANTELFLAECHE (KONTUR-DEF. IN YZ-EBENE)
49  $$
50      XK      = 18
51      YK      = 32.5
52              TRASYS / YZPLAN
53      LG1     = LINE    / -XK,0,XK,0
54      LG2     = LINE    / XK,0,XK,YK
55      LG3     = LINE    / XK,YK,-XK,YK
56      LG4     = LINE    / -XK,YK,-XK,0
57      PG1     = POINT   / INTOF,LG1,LG4
58  $$
59      KONG    = CONTUR  / CONNEC,CLOSED,ZCOORD,0,UNLIM
60              BEGIN   / PG1,XLARGE,LG1
61              LFT     / LG2
62              LFT     / LG3
63              LFT     / LG4
64              TERMCO
65              TRASYS / NOMORE
66  $$
67  $$      GRUNDKOERPER ALS VOLUMENELEMENT
68  $$
69      GRUNDK = BODY     / IN,CUR,KONG,BASE,SGF3,TOP,SGF5
70  $$
71  $$      --------------------------------------------------------
72  $$      FLANSCH IN VEREINFACHTER BESCHREIBUNG (QUADERFORM)
73  $$      --------------------------------------------------------
74  $$
75  $$      KONTURZYLINDER-MANTELFLAECHE (KONTUR-DEF.IN XY-EBENE)
76  $$
77      LF1     = LINE    / PARLEL,LX,YSMALL,34
78      LF2     = LINE    / PARLEL,LY,XLARGE,38.5
79      LF3     = LINE    / PARLEL,LX,YLARGE,34
80      LF4     = LINE    / PARLEL,LY,XSMALL,26.5
81      PF1     = POINT   / INTOF,LF1,LF2
82  $$
83      KONF1   = CONTUR  / CONNEC,CLOSED,ZCOORD,0,UNLIM
84              BEGIN   / PF1,YLARGE,LF2
85              LFT     / LF3
86              LFT     / LF4
87              LFT     / LF1
88              TERMCO
89  $$
90  $$      FLANSCH ALS VOLUMENELEMENT
91  $$
92      FLANSH = BODY     / IN,CUR,KONF,BASE,22.5,TOP,38.5
93  $$
94  $$      --------------------------------------------------------
95  $$      AUSDRUCK DER 3D-GRUNDELEMENTE (KANON. FORMEN)
96  $$      --------------------------------------------------------
97              PRINT   / 3,ALL,15
98  $$
99              FINI


ELAPSED TIME        MODUL           TOTAL
        CP          1.420   SEC     1.437   SEC
        IO          48.848  SEC     49.349  SEC
```

<u>Bild 4-14:</u> Teileprogramm Spiegelträger (Definition von Kollisions-
bereichen)

```
****    THREED --- MODUL 15 - VERSION 78/02      ****


**********    KANONISCHE FORMEN   **********

*****************************************************************************
*                                                                          *
*  SYMBOL              TYP                                                  *
*                      POINT        X          Y          Z                *
*  TEMP.SYMR.          PATERN       X          Y          Z                *
*  =INT.INDEX          LINE         A          B          C          D     *
*                      CIRCLE       X          Y          Z                *
*                                   A          B          C          R     *
*                      MATRIX       A1         B1         C1         D1     *
*                                   A2         B2         C2         D2     *
*                                   A3         B3         C3         D3     *
*                                   A4         B4         C4         D4     *
*                      VECTOR       EX         EY         EZ         L      *
*                      PLANE        A          B          C          D      *
*                      CYLNDR       X          Y          Z                 *
*                                   A          B          C          R      *
*                      SPHERE       X          Y          Z          R      *
*                      CONE         X          Y          Z                 *
*                                   A          B          C          COSHW  *
*                                                                          *
------------------------------------------------------------------------------
*  PM          POINT         0.0000       0.0000      21.0000                *
*  LX          LINE          0.0000      -1.0000       0.0000       0.0000   *
*  LY          LINE          1.0000       0.0000       0.0000       0.0000   *
*  LG1         LINE          0.0000       0.0000      -1.0000       0.0000   *
*  LG2         LINE          0.0000       1.0000       0.0000      18.0000   *
*  LG3         LINE          0.0000       0.0000       1.0000      32.5000   *
*  LG4         LINE          0.0000      -1.0000       0.0000      18.0000   *
*  PG1         POINT         0.0000     -18.0000       0.0000                *
*  LF1         LINE          0.0000      -1.0000       0.0000      34.0000   *
*  LF2         LINE          1.0000       0.0000       0.0000      38.5000   *
*  LF3         LINE          0.0000       1.0000       0.0000      34.0000   *
*  LF4         LINE         -1.0000       0.0000       0.0000      26.5000   *
*  PF1         POINT        38.5000     -34.0000       0.0000                *
*  VX          VECTOR        1.0000       0.0000       0.0000       1.0000   *
*  V1          VECTOR         .7071       0.0000       -.7071       1.4142   *
*  YZPL        PLANE         1.0000       0.0000       0.0000       0.0000   *
*  SGF1        PLANE         1.0000       0.0000       0.0000      30.0000   *
*  SGF2        PLANE         1.0000       0.0000       0.0000      28.0000   *
*  SGF3        PLANE         1.0000       0.0000       0.0000      17.0000   *
*  SGF4        PLANE          .7071       0.0000       -.7071     -14.8492   *
*  SGF5        PLANE         -.7071       0.0000        .7071       5.3492   *
*  WZF1        CYLNDR        0.0000       0.0000      21.0000                *
*                            1.0000       0.0000       0.0000      13.0000   *
*  WZF2        CYLNDR        0.0000       0.0000      21.0000                *
*                            1.0000       0.0000       0.0000      16.5000   *
*  WZF3        CYLNDR        0.0000       0.0000      21.0000                *
*                            1.0000       0.0000       0.0000      17.5000   *
*****************************************************************************

ELAPSED TIME        MODUL              TOTAL
            CP         .444    SEC     2.125    SEC
            IO       18.518    SEC    81.780    SEC
```

Bild 4-15: Teileprogramm Spiegelträger (Geometrische Elemente in 3D-kanonischer Form)

Zur Dokumentation der Aufbauphasen zeigt Bild 4-15 die 3D-kano-
nischen Formen aller geometrischen Einzelelemente nach ihrer Verarbeitung durch den Modul THREED. Die als Geraden definierten Kanten des Grundkörpers (LG1 ... LG4) ergeben sich dabei aufgrund ihrer
Transformation als Ebenen senkrecht zur $Y_W Z_W$-Ebene, während die
Kanten des Flansches (LF1 ... LF4) als Ebenen senkrecht zur $X_W Y_W$-
Ebene abgespeichert werden. Für die Volumendefinition haben sie jedoch in dieser Darstellungsform keine Bedeutung, da die Konturver-
knüpfungen auf 2D-Elementen basieren, die auf einer anderen Datei abgelegt sind.

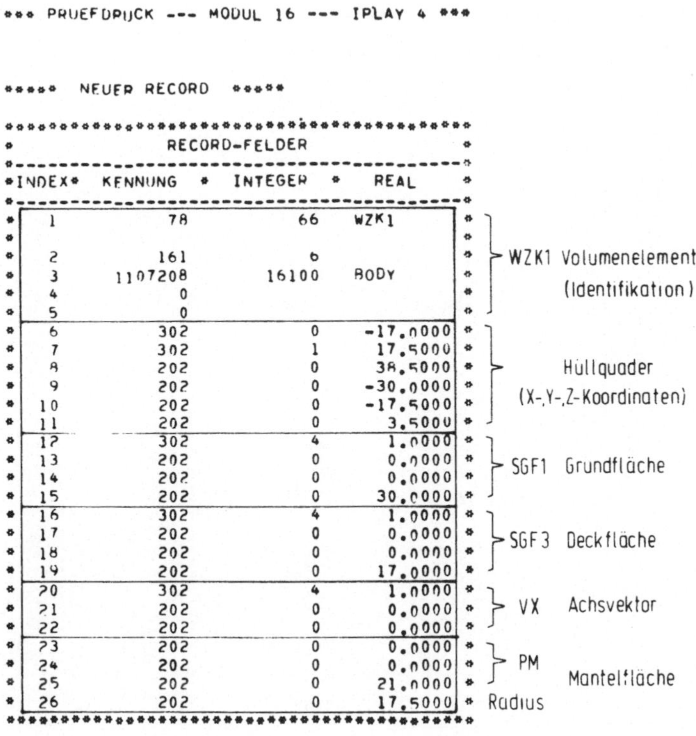

INDEX	KENNUNG	INTEGER	REAL		
1	78	66	WZK1		WZK1 Volumenelement
2	161	6			(Identifikation)
3	1107208	16100	BODY		
4	0				
5	0				
6	302	0	-17.0000		Hüllquader
7	302	1	17.5000		(X-,Y-,Z-Koordinaten)
8	202	0	38.5000		
9	202	0	-30.0000		
10	202	0	-17.5000		
11	202	0	3.5000		
12	302	4	1.0000		SGF1 Grundfläche
13	202	0	0.0000		
14	202	0	0.0000		
15	202	0	30.0000		
16	302	4	1.0000		SGF3 Deckfläche
17	202	0	0.0000		
18	202	0	0.0000		
19	202	0	17.0000		
20	302	4	1.0000		VX Achsvektor
21	202	0	0.0000		
22	202	0	0.0000		
23	202	0	0.0000		PM Mantelfläche
24	202	0	0.0000		
25	202	0	21.0000		
26	202	0	17.5000		Radius

<u>Bild 4-16</u>: Teileprogramm Spiegelträger (Record eines Volumen-
elements)

Im Gegensatz dazu bilden die Ebenen SGF1 ... SGF5 und die Zylinderflächen WZF1 ... WZF3 in der gezeigten Form die Grundlage für den
Volumenaufbau durch den Modul VOLDEF. Das Beispiel des Kollisions-
körpers WZK1 verdeutlicht dies in der Darstellung der internen Datenstruktur (Bild 4-16), die dem bereits in Bild 4-8 gezeigten Recordfor-
mat entspricht.

Anhand einer ausgeführten Werkstückbeschreibung wurde damit die Bereitstellung geeigneter geometrischer Daten für technologische Berechnungen demonstriert. Die weiteren Ausführungen werden unter Bezugnahme auf dieses Beispiel zeigen, welche besonderen Möglichkeiten der
graphischen Darstellung sich zusätzlich aus dem entwickelten volumenorientierten Werkstückbeschreibungssystem ergeben.

5 Graphische Werkstückdarstellung auf der Basis volumenorientierter Beschreibungsformen

Während auf dem Gebiet CAD der Aufbau graphischer Darstellungen im Mittelpunkt der Verarbeitung steht, ist die bildliche Repräsentation technischer Objekte im Hinblick auf CAM-orientierte Programmiersysteme primär Hilfsmittel zur Kontrolle eingegebener und generierter Daten.

5.1 Technologisch orientierte Werkstückdarstellung

Die Benennung technischer Zeichnungen ist in DIN 199 festgelegt / 35 /, mit einer Unterscheidung nach verschiedenen Kriterien, z. B. :

- Art der Anfertigung
- Inhalt der Darstellung
- Zweck der Darstellung

Für eine spezielle Werkstückdarstellung im Rahmen des Einsatzes von NC-Programmiersystemen kennt diese Norm jedoch keine Festlegungen. Diesbezügliche Entwicklungen sind deshalb stark von Eigenschaften geprägt, die eng mit dem jeweiligen Anwendungsfall verbunden sind. Als Beispiel sei die im Zusammenhang mit dem EXAPT 3-Konzept entwickelte Zeichnungserstellung mittels Postprozessor genannt / 36 /.

Die volumenorientierte Werkstückbeschreibung bietet hier nun die Möglichkeit, für die Kontrolle von NC-Programmen eine einheitliche spezifisch technologisch orientierte Darstellungsform zu generieren. Darunter soll verstanden werden, daß die Abbildung eines Werkstückes hauptsächlich mit dem Ziel erfolgt, neben geometrischen Größen auch technologische Sachverhalte, besonders Werkzeugwege darzustellen.

Damit muß die Bildausgabe nicht notwendigerweise eine für Dokumentationszwecke geeignete Werkstückdarstellung, z. B. eine Werkstattzeichnung liefern, sondern soll primär die Grundlage bieten zur Kontrolle von Arbeitsvorgängen.

Gegenüber sämtlichen flächenorientierten Beschreibungsmethoden ist dabei allein durch den bei der Definition von Volumen vollzogenen Aufbau vollständiger, in ihrer räumlichen Ausdehnung eindeutig beschriebener Werkstückbereiche die Trennung der Kontrolle geometrischer und technologischer Sachverhalte möglich. Zusätzlich bildet dies die

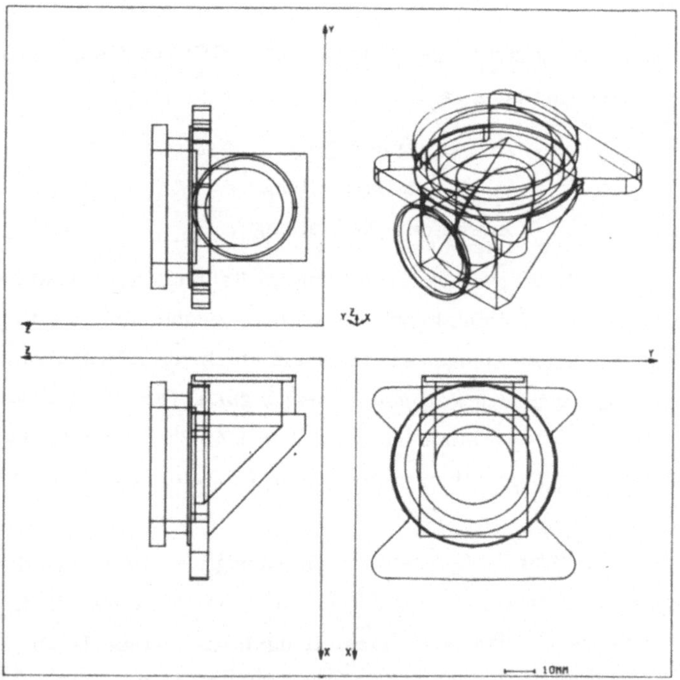

Bild 5-1: Graphische Werkstückdarstellung auf der Basis von Volumenelementen

Voraussetzung zur Generierung perspektivischer Ansichten, die alleine oder in Verbindung mit Rißdarstellungen (Auf-, Grund-, Seitenriß) eine übersichtliche Abbildung räumlicher Objekte zur Beurteilung dreidimensionaler Zusammenhänge erst gewährleisten.

5.2 Darstellungskonzept

Auf der Basis volumenorientierter Werkstückbeschreibung entspricht die Gesamtdarstellung eines Teiles der Summe der Abbildungen aller Volumenelemente (Bild 5-1).

5.2.1 Abbildungsproblematik

Dieses Bild zeigt jedoch die generelle Problematik bei der ebenen Darstellung räumlicher Objekte. Die gleichberechtigte Ausgabe der sichtbaren und der verdeckten Linien erzeugt, besonders bei komplexen Teilen, eine Informationsdichte, die es dem Betrachter erschwert, teilweise sogar unmöglich macht, den Zusammenhang der Einzelkomponenten zu erkennen und darauf seine Vorstellung aufzubauen.

Methoden zur automatischen Ermittlung verdeckter Kanten sind zwar bekannt und z. B. in / 37 / im Rahmen einer Zusammenstellung von Systemen zur Behandlung räumlicher Objekte angeführt, jedoch zeigen diese Verfahren einen grundsätzlich eigenständigen, gebundenen Charakter und sind vor allem meist mit sehr erheblichen Ausführungszeiten verbunden / 38 /.

5.2.2 Technologisch orientiertes Darstellungskonzept

Vor diesem Hintergrund ist die Entwicklung eines technologisch orientierten Darstellungskonzeptes zu sehen, bei dem auf aufwendige Visibilitätskriterien verzichtet werden kann, ohne die Übersichtlichkeit zu beeinträchtigen.

Bild 5-2 zeigt hierzu an einem einfachen Beispiel verschiedene Darstellungsformen zur perspektivischen Abbildung technischer Objekte und kennzeichnet ihre Eigenschaften im Hinblick auf Möglichkeiten, Werkzeugwege und -positionen zu kontrollieren.

Voraussetzung für ausreichende Kontrollmöglichkeiten ist die Darstellung sowohl sichtbarer wie verdeckter Linien, da nur dadurch auch Stellen "im" Werkstück gezeigt werden können (Bild 5-2, Beisp. a, b). Dies gilt z. B. für Bohrungen, in denen Meßpunkte aufzunehmen sind.

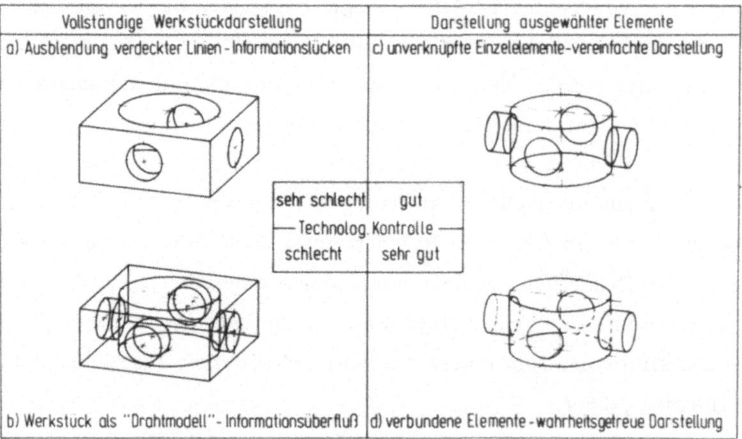

Bild 5-2: Möglichkeiten zur Abbildung technischer Objekte für Kontrollzwecke

Die Darstellung aller Kanten (Bild 5-2, Beisp. b) gefährdet dabei jedoch die Kontrollmöglichkeiten durch den schon in Bild 5-1 gezeigten Informationsüberfluß.

Nur die gezielte Auswahl der abzubildenden Werkstückelemente und eine problemabhängige Steuerung des Bildaufbaues können deshalb eine Darstellungsform gewährleisten, die als Basis für die Kontrolle geometrischer und technologischer Sachverhalte auch an komplexen Werkstücken geeignet ist.

Dem entspricht die Abbildung ausgewählter Volumenelemente, wobei die Beispiele c und d (Bild 5-2) zwei unterschiedliche Möglichkeiten kennzeichnen. Sie zeigen einerseits die Wiedergabe unverknüpfter Elemente ohne Berücksichtigung von Sichtbarkeitskriterien (Beisp. c) und andererseits eine weitgehend wahrheitsgetreue Abbildung mit Angabe der Übergänge zwischen Einzelelementen und einer Klärung der Sichtbarkeitsverhältnisse (Beisp. d).

Zugunsten einfacher Verarbeitungsalgorithmen stützt sich die Realisierung der Grundstufe einer technologisch orientierten Darstellungsform

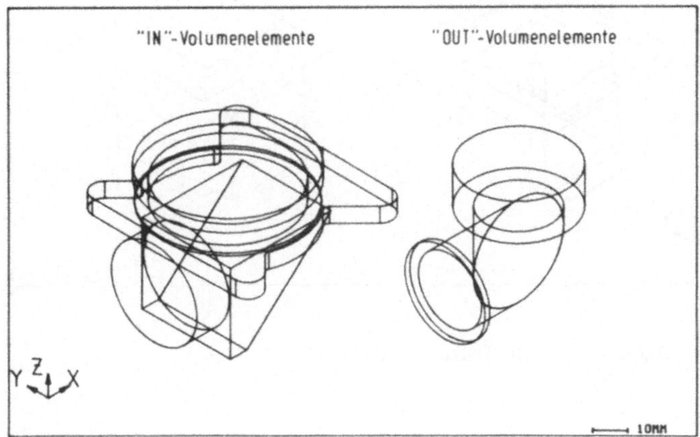

Bild 5-3: Darstellung ausgewählter Werkstückbereiche

auf das mit dem Beispiel c verbundene Prinzip, da der zusätzliche In-
formationsgehalt nach Beispiel d zwar die Anschaulichkeit erhöht, jedoch für Kontrollzwecke nicht notwendigerweise benötigt wird. Bild
5-3 stellt an dem bereits in Bild 5-1 gezeigten Werkstück dar, wie die
gezielte Auswahl relevanter Körperbereiche eine übersichtliche graphische Ausgabe ermöglichen kann. Das Beispiel zeigt die getrennte
Abbildung der Hohlkörper und der Kollisionskonturen.

Eine weitere Vereinfachung kann dadurch erreicht werden, daß nicht
die Volumenelemente selbst, sondern nur ihre Hüllquader (siehe Kap.
4.2.3.2) abgebildet werden, verbunden mit einem Verzicht auf unwe-
sentliche Komponenten (Bild 5-4). Dies ist besonders für Kollisionsbe-
trachtungen von Vorteil, da diese generalisierte Körperdarstellung
einen vereinfachten, baukastenförmigen Werkstückaufbau zeigt und damit den besten Überblick über eventuelle Kollisionsgefahren bei der
Werkzeugpositionierung gewährleistet.

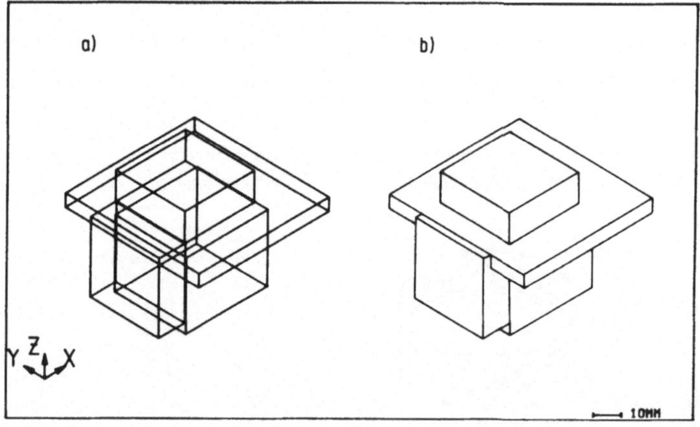

Bild 5-4: Abbildung von Hüllquadern

Daß bei dieser Darstellungsart neben einer derzeit realisierten Bildausgabe ohne Berücksichtigung von Sichtbarkeitskriterien das Ausblen-
den verdeckter Linien die Anschaulichkeit wesentlich erhöht, ist in
Bild 5-4 am Beispiel b gezeigt. Gegenüber dem Beispiel a wurde die
Klärung der Sichtbarkeitsverhältnisse hier manuell durchgeführt, für
weitere Ausbaustufen bietet gerade diese generalisierte Werkstückdarstellung auf Hüllquaderbasis die geeignete Grundlage, einfache Algorithmen zur automatischen Erkennung und Unterdrückung verdeckter
Kanten zu entwickeln.

5.3 Werkstückdarstellung im Rahmen modularer NC-Systeme

Die Eingliederung eines Funktionsblockes zur graphischen Werkstückdarstellung (Modul VOPLOT) in das Gesamtkonzept eines modularen
NC-Systemes zeigt Bild 5-5.

5.3.1 Aktivierung der graphischen Ausgabe

Die Aktivierung der graphischen Ausgabe kann, der jeweiligen Aufgabenstellung entsprechend, nach Wahl des Teileprogrammierers am
Schluß der Geometrie- und an beliebiger Stelle der Technologieverarbeitung erfolgen (vgl. Bild 5-5).

Besonders geeignet zur schnellen Kontrolle ist der Einsatz eines graphischen Bildschirmes in Verbindung mit interaktiver Ablaufsteuerung,
auf die nach eigenen Untersuchungen das zentrale Steuerprogramm eines Modularsystems (vgl. Bild 4-1) leicht angepaßt werden kann.

Da eine entsprechende Anlagenkonfiguration im Bereich der Anwendung
von NC-Systemen heute jedoch noch sehr selten anzutreffen ist, muß

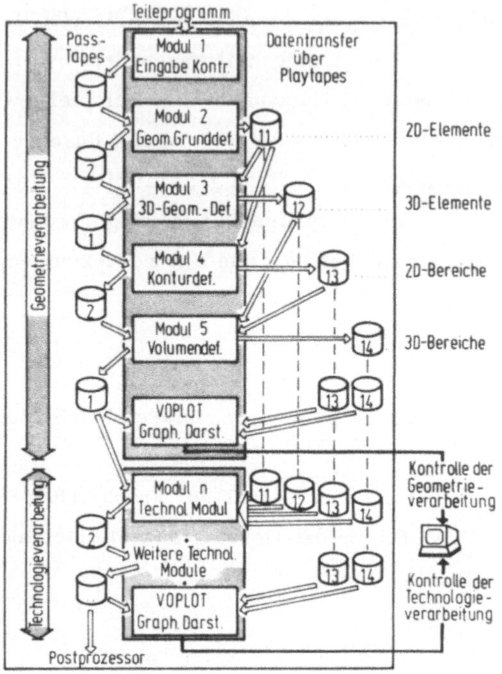

Bild 5-5: Volumenorientierte Werkstückbeschreibung:
Funktionsblöcke und Datenfluß

das allgemeine Konzept von der üblichen Konstellation einer batch-orientierten Verarbeitung und der Bildausgabe über mechanische Zeichengeräte (Plotter) ausgehen. Dies bedeutet insbesondere, daß die graphische Ausgabe vollständig über Teileprogrammanweisungen steuerbar sein muß.

```
****    THREED --- MODUL 15 - VERSION 78/0?     ****


*********   KANONISCHE FORMEN   **********

*********************************************************************
*                                                                  *
*  SYMBOL            TYP                                            *
*                    POINT        .X            Y            Z      *
*  TEMP.SYMB.        PATERN        X            Y            Z      *
*  =INT.INDEX        LINE          A            B            C      D
*                    CIRCLE        X            Y            Z      *
*                                  A            B            C      R
*                    MATRIX        A1           B1           C1     D1
*                                  A2           B2           C2     D2
*                                  A3           B3           C3     D3
*                                  A4           B4           C4     D4
*                    VECTOR        EX           EY           EZ     L
*                    PLANE         A            B            C      D
*                    CYLNDR        X            Y            Z      *
*                                  A            B            C      R
*                    SPHERE        X            Y            Z      R
*                    CONE          X            Y            Z      *
*                                  A            B            C      COSHW
*                                                                  *
*------------------------------------------------------------------*
*| PM                POINT     0.0000       0.0000      21.0000 |  *
*  LX                LINE      0.0000      -1.0000       0.0000      0.0000 *
*  LY                LINE      1.0000       0.0000       0.0000      0.0000 *
*  LG1               LINE      0.0000       0.0000      -1.0000      0.0000 *
*  LG2               LINE      0.0000       1.0000       0.0000     18.0000 *
*  LG3               LINE      0.0000       0.0000       1.0000     32.5000 *
*  LG4               LINE      0.0000      -1.0000       0.0000     18.0000 *
*  PG1               POINT     0.0000     -18.0000       0.0000            *
*  LF1               LINE      0.0000      -1.0000       0.0000     34.0000 *
*  LF2               LINE      1.0000       0.0000       0.0000     38.5000 *
*  LF3               LINE      0.0000       1.0000       0.0000     34.0000 *
*  LF4               LINE     -1.0000       0.0000       0.0000     26.5000 *
*  PF1               POINT    38.5000     -34.0000       0.0000            *
*| VX                VECTOR    1.0000       0.0000       0.0000      1.0000 |*
*  V1                VECTOR     .7071       0.0000       -.7071      1.4142 *
*  YZPL              PLANE     1.0000       0.0000       0.0000      0.0000 *
*| SGF1              PLANE     1.0000       0.0000       0.0000     30.0000 |*
*  SGF2              PLANE     1.0000       0.0000       0.0000     28.0000 *
*| SGF3              PLANE     1.0000       0.0000       0.0000     17.0000 |*
*  SGF4              PLANE      .7071       0.0000       -.7071    -14.8492 *
*  SGF5              PLANE     -.7071       0.0000        .7071      5.3492 *
*  WZF1              CYLNDR    0.0000       0.0000      21.0000            *
*                             1.0000       0.0000       0.0000     13.0000 *
*  WZF2              CYLNDR    0.0000       0.0000      21.0000            *
*                             1.0000       0.0000       0.0000     16.5000 *
*  WZF3              CYLNDR    0.0000       0.0000      21.0000            *
*                             1.0000       0.0000       0.0000     17.5000 *
*********************************************************************

ELAPSED TIME       MODUL            TOTAL
        CP           .444   SEC     2.125   SEC
        IO         18.518   SEC    81.780   SEC
```

<u>Bild 4-15</u>: Teileprogramm Spiegelträger (Geometrische Elemente
in 3D-kanonischer Form)

```
43   $$
44   $$      ------------
45   $$      GRUNDKOERPER
46   $$      ------------
47   $$
48   $$      KONTURZYLINDER-MANTELFLAECHE (KONTUR-DEF. IN YZ-EBENE)
49   $$
50      XK      = 18
51      YK      = 32.5
52              TRASYS / YZPLAN
53      LG1     = LINE    / -XK,0,XK,0
54      LG2     = LINE    / XK,0,XK,YK
55      LG3     = LINE    / XK,YK,-XK,YK
56      LG4     = LINE    / -XK,YK,-XK,0
57      PG1     = POINT   / INTOF,LG1,LG4
58   $$
59      KONG    = CONTUR  / CONNEC,CLOSED,ZCOORD,0,UNLIM
60              BEGIN    / PG1,XLARGE,LG1
61              LFT      / LG2
62              LFT      / LG3
63              LFT      / LG4
64              TERMCO
65              TRASYS / NOMORE
66   $$
67   $$      GRUNDKOERPER ALS VOLUMENELEMENT
68   $$
69      GRUNDK = BODY     / IN,CUR,KONG,BASE,SGF3,TOP,SGF5
70   $$
71   $$      ------------------------------------------------------
72   $$      FLANSCH IN VEREINFACHTER BESCHREIBUNG (QUADERFORM)
73   $$      ------------------------------------------------------
74   $$
75   $$      KONTURZYLINDER-MANTELFLAECHE (KONTUR-DEF.IN XY-EBENE)
76   $$
77      LF1     = LINE    / PARLEL,LX,YSMALL,34
78      LF2     = LINE    / PARLEL,LY,XLARGE,38.5
79      LF3     = LINE    / PARLEL,LX,YLARGE,34
80      LF4     = LINE    / PARLEL,LY,XSMALL,26.5
81      PF1     = POINT   / INTOF,LF1,LF2
82   $$
83      KONF1   = CONTUR  / CONNEC,CLOSED,ZCOORD,0,UNLIM
84              BEGIN    / PF1,YLARGE,LF2
85              LFT      / LF3
86              LFT      / LF4
87              LFT      / LF1
88              TERMCO
89   $$
90   $$      FLANSCH ALS VOLUMENELEMENT
91   $$
92      FLANSH = BODY     / IN,CUR,KONF,BASE,22.5,TOP,38.5
93   $$
94   $$      ------------------------------------------------------
95   $$      AUSDRUCK DER 3D-GRUNDELEMENTE (KANON. FORMEN)
96   $$      ------------------------------------------------------
97              PRINT  / 3,ALL,15
98   $$
99              FINI

ELAPSED TIME      MODUL            TOTAL
         CP       1.420   SEC      1.437   SEC
         IO      48.848   SEC     49.349   SEC
```

<u>Bild 4-14</u>: Teileprogramm Spiegelträger (Definition von Kollisions-
          bereichen)

99

5.3.2 Steuerung der Ausgabe

Da die Effektivität der bildlichen Darstellung wesentlich von den Möglichkeiten zur Steuerung der Ausgabe abhängig ist, zeigt Bild 5-6 eine Übersicht über die Anweisungsformen, die entsprechend dem beschriebenen technologischen Darstellungskonzept eine präzise Kontrolle des Bildaufbaues gewährleisten. Bereits in Normung befindliche Sprachelemente / 30 / sind in ihrer standardisierten Bedeutung berücksichtigt.

Die Ausgabe einer Werkstückdarstellung beginnt stets mit der Erstellung eines Primärbildes (VOPLOT-Anweisung), wobei Bildaufbau und Bildinhalt durch eine Liste von Sprachelementen weitgehend steuerbar sind. Bezüglich des Bildaufbaues gilt dies für die Aktivierung der Bildausgabe, die Wahl der Ansichten und gegebenenfalls einer Projektionsrichtung, die Bestimmung eines Maßstabsfaktors, die Festlegung der Strichart, die Auswahl eines bestimmten Zeichenstiftes sowie die

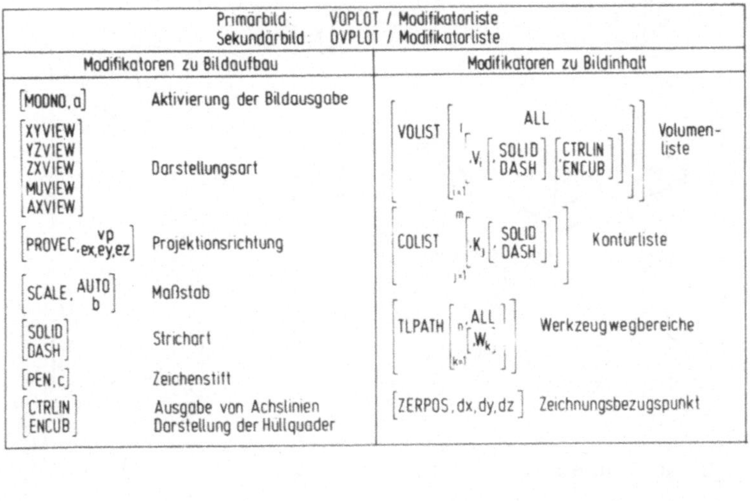

| Primärbild: | VOPLOT / Modifikatorliste |
| Sekundärbild: | OVPLOT / Modifikatorliste |

Modifikatoren zu Bildaufbau		Modifikatoren zu Bildinhalt	
[MODNO,a]	Aktivierung der Bildausgabe	VOLIST $\left[\begin{array}{c}\,_{i}\,\left[.V_{i}\,\left[.\begin{array}{c}SOLID\\DASH\end{array}\right]\,\left[\begin{array}{c}.CTRLIN\\.ENCUB\end{array}\right]\right]_{i=1}^{ALL}\right]$	Volumenliste
$\begin{array}{c}XYVIEW\\YZVIEW\\ZXVIEW\\MUVIEW\\AXVIEW\end{array}$	Darstellungsart		
$\left[PROVEC.\begin{array}{c}vp\\ex,ey,ez\end{array}\right]$	Projektionsrichtung	COLIST $\left[\,_{j}\,\left[.K_{j}\,\left[.\begin{array}{c}SOLID\\DASH\end{array}\right]\right]_{j=1}^{m}\right]$	Konturliste
$\left[SCALE.\begin{array}{c}AUTO\\b\end{array}\right]$	Maßstab		
$\left[\begin{array}{c}SOLID\\DASH\end{array}\right]$	Strichart	TLPATH $\left[\,_{k}\,\left[.\begin{array}{c}ALL\\.W_{k}\end{array}\right]\right]_{k=1}^{n}$	Werkzeugwegbereiche
[PEN,c]	Zeichenstift		
$\left[\begin{array}{c}CTRLIN\\ENCUB\end{array}\right]$	Ausgabe von Achslinien Darstellung der Hüllquader	[ZERPOS,dx,dy,dz]	Zeichnungsbezugspunkt

Bild 5-6: Anweisungen zur Ausgabe von Plotterbildern (Struktur)

wahlweise Ausgabe von Mittellinien, alternativ zu der Darstellung generalisierter Hüllquader. Der Bildinhalt wird bestimmt durch Listen
der zu zeichnenden Volumenelemente und Konturen, wobei modale Werte für den Bildaufbau in Verbindung mit einzelnen Elementen wieder
modifiziert werden können.

Primärbilder können durch anschließende Sekundärbilder überlagert
werden, dabei müssen allerdings Darstellungsart und Maßstab unver-
ändert bleiben. Dies ermöglicht die Realisierung eines stufenweisen
Bildaufbaues und ist insbesondere geeignet zur bereichsweisen Darstellung und Kontrolle der Werkzeugwege, ebenso wie zur element-
weisen Überprüfung der definierten Volumenelemente (Bild 5-7).

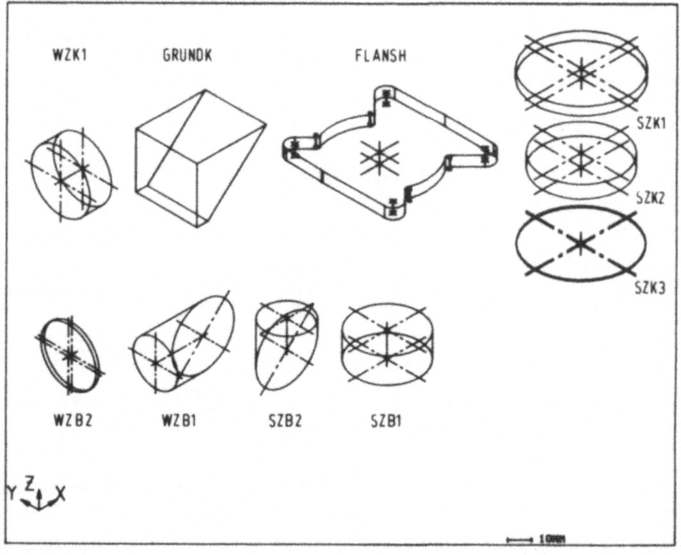

<u>Bild 5-7</u>: Getrennte Darstellung beschriebener Werkstückbereiche

5.4 Weitere Möglichkeiten graphischer Darstellung

Neben der gezeigten technologisch orientierten Werkstückdarstellung eröffnet die Verbindung volumenorientierter Werkstückbeschreibung mit speziellen Abbildungsarten diesem Beschreibungssystem ein zusätzliches Anwendungsgebiet, das weit über den Einsatz im Rahmen der NC-Programmierung hinaus geht.

Am Beispiel eines Explosionsbildes soll dies abschließend demonstriert werden (Bild 5-8). Lediglich durch gezielte Positionierung perspektivisch abgebildeter Volumenelemente wurde eine Darstellungsform er-

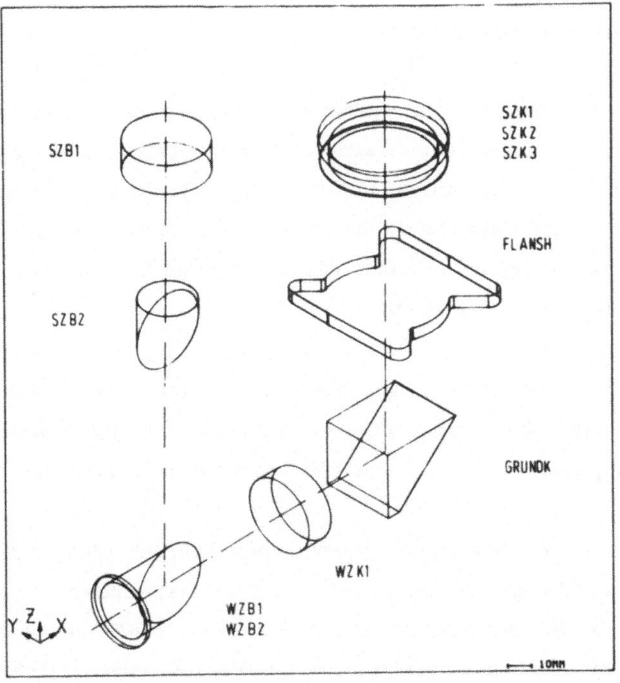

Bild 5-8: Explosionsdarstellung eines Werkstückes

zeugt, die das Werkstück in seinen Einzelkomponenten zeigt und damit bei zusammengesetzten Teilen beispielsweise die Grundlage für eine Zusammenbauzeichnung bilden könnte.

5.5 Weiterführende Überlegungen

Das in dieser Arbeit dargestellte volumenorientierte Werkstückbeschreibungssystem wurde schwerpunktmäßig im Hinblick auf die Programmierung von NC-Meß- und NC-Bearbeitungsmaschinen entwickelt. Für weiterführende Überlegungen soll zusammenfassend kurz aufgezeigt werden, welche Aspekte sich aus dem genannten System für benachbarte Betriebsbereiche, hauptsächlich für den vorgelagerten Konstruktionsbereich ergeben.

Bei der Anwendung von NC-Programmiersystemen besteht ein wesentlicher Teil der Arbeiten darin, aus den Fertigungsunterlagen geometrische Angaben zu entnehmen und sie in Formulierungen der problemorientierten Eingabesprache zu übertragen. Grundlage sind hierfür technische Zeichnungen, die eines der wichtigsten Dokumentationsmittel der Konstruktion darstellen.

Zur Reduzierung des notwendigen Übertragungsaufwandes und der damit verbundenen Fehlerquote ist deshalb zu fordern, die Erstellung der Fertigungsunterlagen möglichst NC-gerecht durchzuführen.

Die gezeigten Möglichkeiten zur graphischen Ausgabe könnten gerade hierfür weiterführende Aspekte eröffnen. Als beispielhafter Ansatzpunkt seien die für den Flugzeugbau entwickelten NC-Zeichungsrichtlinien genannt, bei denen herkömmliche Maßeintragungen durch den Eintrag von Symbolen und der tabellarischen Auflistung ihrer Bedeutungen und Werte ersetzt werden / 51 /. Hierbei ließe sich durch die

Anwendung der volumenorientierten Werkstückbeschreibung und durch die Nutzung der hierfür entwickelten Geometrieverarbeitungsprogramme die Erstellung NC-gerechter Fertigungsunterlagen wesentlich vereinfachen. Besonders durch die Einführung der NC-Technik auf dem Gebiet der Qualitätskontrolle darf erwartet werden, daß dem in Zukunft wachsende Bedeutung zukommt.

6   Zusammenfassung

Mit einer Rationalisierung der Qualitätskontrolle durch numerisch gesteuerte Mehrkoordinaten-Meßmaschinen ist das Problem der Steuerdatenerstellung für den Einsatz dieser Maschinen verbunden. In Anlehnung an Lösungen auf dem Bereich der NC-Bearbeitungstechnik
wird hierfür ein Programmiersystem entwickelt.

Meßtechnische Anforderungen verlangen eine dreidimensionale Werkstückbeschreibung als Grundlage rechnerunterstützter NC-Datengenerierung. Einem niederen Automatisierungsgrad genügt dabei die Definition
unverknüpfter Raumflächen, während eine hoch automatisierte Taster-
wegbestimmung unter Einbeziehung von Methoden zu einer Kollisions-
kontrolle und Meßablaufoptimierung Möglichkeiten einer in geometrischem Sinne vollständigen, eindeutigen Werkstückbeschreibung vor-
aussetzt.

Auf der Analyse von Methoden zu Eingabe und Verarbeitung geometrischer Daten bei bearbeitungs- und darstellungsorientierter Programmierung wird das Konzept eines allgemeinen NC-gerechten Werkstückbeschreibungssystems entwickelt, das bearbeitungs- und meßtechnischen
Anforderungen gleichermaßen entspricht.

Die Verknüpfung von Flächen zu Volumenelementen unter Einbeziehung
von Konturdefinitionen vereinigt dabei wesentliche Eigenschaften flächen-,
kontur- und gestaltsorientierter Definition geometrischer Daten. Durch
Bezugsmöglichkeiten auf zwei- und dreidimensionale Einzelelemente
wie auf ebene und räumliche Werkstückbereiche lassen sich einerseits
Einzeloperationen individuell programmieren, wie andererseits kom-
plexe, technologische Aufgaben automatisiert ausgeführt werden können.

Die Realisierung erfolgt im Rahmen des Aufbaues modularer NC-Programmiersysteme. Dies gewährleistet sowohl die Nutzung bereits ent-

wickelter Komponenten aufgabenspezifischer Verarbeitungsprogramme als auch die Berücksichtigung standardisierter Schnittstellen auf Sprach- und Datenebene. Diese Faktoren sind von besonderer Bedeutung im Hinblick auf aktuelle Tendenzen zu einer künftigen integrierten Datenverarbeitung.

Abschließend wird am Beispiel der bildlichen Darstellung technischer Objekte das weite Einsatzspektrum des entwickelten volumenorientierten Werkstückbeschreibungssystems gezeigt. Eine primär für Kontrollfunktionen ausgelegte Bildausgabe ermöglicht graphische Darstellungsformen, die bisher ausschließlich speziellen zeichnungsorientierten Programmiersystemen des Konstruktionsbereiches vorbehalten waren. Damit kann die Kontrolle von NC-Steuerdaten weitgehend maschinenunabhängig durchgeführt und so eine wesentliche Vorbedingung für den reibungslosen Einsatz numerisch gesteuerter Maschinen in der Fertigungstechnik erfüllt werden.

Berichte aus dem Institut für Steuerungstechnik der Werkzeugmaschinen und Fertigungseinrichtungen der Universität Stuttgart

Herausgegeben von Prof. Dr.-Ing. G. Stute

Erschienen:

ISW 1: D. Schmid, Numerische Bahnsteuerung, 89 S., 1972

ISW 2: H. Schwegler, Fräsbearbeitung gekrümmter Flächen, 111 S., 1972

ISW 3: J. Eisinger, Numerisch gesteuerte Mehrachsenfräsmaschinen, 90 S., 1972

ISW 4: R. Nann, Rechnersteuerung von Fertigungseinrichtungen, 125 S., 1972

ISW 5: G. Augsten, Zweiachsige Nachformeinrichtungen, 140 S., 1972

ISW 6: B. Karl, Die Automatisierung der Fertigungsvorbereitung durch NC-Programmierung. 121 S., 1972

ISW 7: H. Eitel, NC-Programmiersystem, 117 S., 1973

ISW 8: E. Knorr, Numerische Bahnsteuerung zur Erzeugung von Raumkurven auf rotationssymmetrischen Körpern, 131 S., 1973

ISW 9: S. Bumiller, Viskohydraulischer Vorschubantrieb, 123 S., 1974

ISW 10: K. Maier, Grenzregelung an Werkzeugmaschinen, 139 S., 1974

ISW 11: J. Waelkens, NC-Programmierung, 159 S., 1974

ISW 12: E. Bauer, Rechnerdirektsteuerung von Fertigungseinrichtungen, 138 S., 1975

ISW 13: H. König, Entwurf und Strukturtheorie von Steuerungen für Fertigungseinrichtungen, 206 S., 1976

ISW 14: H. Damsohn, Fünfachsiges NC-Fräsen, 143 S., 1976

ISW 15: H. Jetter, Programmierbare Steuerungen, 141 S., 1976

ISW 16: H. Henning, Fünfachsiges NC-Fräsen gekrümmter Flächen, 179 S., 1976

ISW 17: K. Boelke, Analyse und Beurteilung von Lagesteuerungen für numerisch gesteuerte Werkzeugmaschinen, 106 S., 1977

ISW 18: F.-R. Götz, Regelsystem mit Modellrückkopplung für variable Streckenverstärkung, 116 S., 1977

ISW 19: H. Tränkle, Auswirkungen der Fehler in den Positionen der Maschinenachsen beim fünfachsigen Fräsen, 103 S., 1977

ISW 20: P. Stof, Untersuchungen über die Reduzierung dynamischer Bahnabweichungen bei numerisch gesteuerten Werkzeugmaschinen, 118 S., 1978

ISW 21: R. Wilhelm, Planung und Auslegung des Materialflusses flexibler Fertigungssysteme, 158 S., 1978

ISW 22: N. Kappen, Entwicklung und Einsatz einer direkten digitalen Grenzregelung für eine Fräsmaschine mit CNC, 123 S., 1979

ISW 23: H.G. Klug, Integration automatisierter technischer Betriebsbereiche, 124 S., 1978

ISW 24: D. Binder, Interpolation in numerischen Bahnsteuerungen, 132 S., 1979

ISW 25: O. Klingler, Steuerung spanender Werkzeugmaschinen mit Hilfe von Grenzregeleinrichtungen (ACC), 124 S., 1979

ISW 26: L. Schenke, Auslegung einer technologisch-geometrischen Grenzregelung für die Fräsbearbeitung, 113 S., 1979

ISW 27: H. Wörn, Numerische Steuersysteme. Aufbau und Schnittstellen eines Mehrprozessorsteuersystems, 141 S., 1979

ISW 28: P.B. Osofisan, Verbesserung des Datenflusses beim fünfachsigen NC-Fräsen, 104 S., 1979

ISW 29: J. Berner, Verknüpfung fertigungstechnischer NC-Programmiersysteme, 101 S., 1979

ISW 30: K.-H. Böbel, Rechnerunterstützte Auslegung von Vorschubantrieben, 113 S., 1979

ISW 31: W. Dreher, NC-gerechte Beschreibung von Werkstücken in fertigungstechnisch orientierten Programmiersystemen, 105 S., 1980

Springer-Verlag
Berlin · Heidelberg · New York